Das Übungsheft 3/4

Größen

Mathematik

Nina Simon · Hendrik Simon

Name: ______________________________

Klasse: __________

Quellenverzeichnis

S. 53: Nashorn © rusm – iStock Photo.com; S. 53: Blauwal © MR1805 – iStock Photo.com; S. 53: Mondfisch © NielsDK – imageBROKER; S. 53: Goliathfrosch © NAS/Dr. Paul A. Zahl / OKAPIA; S. 53: Elefant © JohanSwanepoel – stock.adobe.com; S. 53: Eisbär © JackF – stock.adobe.com; Seite 53: gelbes Auto © Sergey Skleznev – stock.adobe.com; S. 53: roter Bus © kosanperum – stock.adobe.com; S. 55: Suppenkelle © akinshin – iStock Photo.com; S. 55: roter Eimer © Liubov Shirokova – 123rf.com; S. 55: Tasse © malerapaso – iStock Photo.com; S. 55: Glas © silver-john – stock.adobe.com; S. 55: Löffel © silver-john – stock.adobe.com; S. 55: Messbecher © belchonock – 123rf.com; S. 56: Badewanne © stocksolutions – 123rf.com; S. 56: roter Becher © sebastock – iStock Photo.com; S. 56: Glas © silver-john – stock.adobe.com; S. 56: Milchpackung © by-studio – stock.adobe.com; S. 56: 1 l Wasserflasche © stockphoto-graf – stock.adobe.com; S. 56: Müllcontainer © Stu49 – stock.adobe.com; S. 56: Zahnpastatube © gradt – stock.adobe.com; S. 56: Mülltonne © Uros Petrovic – stock.adobe.com; S. 56: Löffel © silver-john – stock.adobe.com; S. 56: Tintenpatrone © lantapix – stock.adobe.com

Bestell-Nr. 3504-39 · ISBN 978-3-619-35439-9

www.mildenberger-verlag.de
E-Mail: info@mildenberger-verlag.de
Auflage 4 3 2 1
Jahr 2022 2021 2020 2019

Redaktion: Sebastian Tonner
Illustrationen: tiff.any GmbH, Berlin/Mario Kuchinke-Hofer, Miriam Fritz
Fotos: tiff.any GmbH, Berlin/Martin Adam
Layoutkonzeption: tiff.any GmbH, Berlin
Gestaltung und Satz: tiff.any GmbH, Berlin
Druck: B&K Offsetdruck, 77833 Ottersweier

Mildenberger

1 Wie viel Geld ist es?

a)

28 €

b)

c)

d)

e)

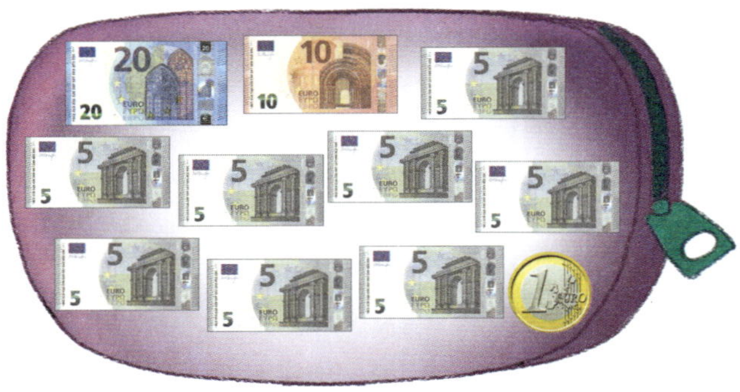

f)

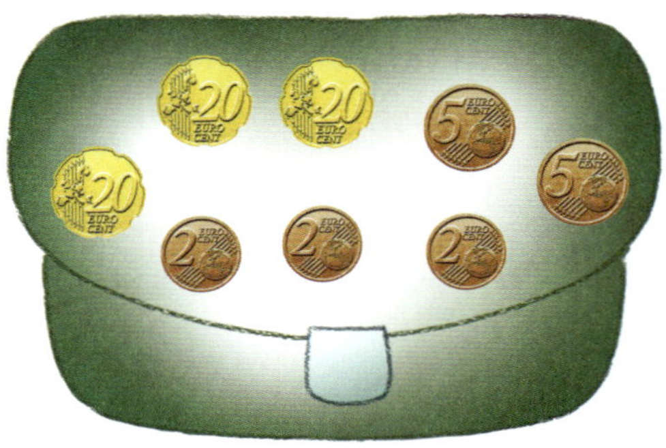

2 Zeichne die Geldbeträge.

a)

84 €

b)

95 ct

1 Wie viel kostet es zusammen? Zeichne.

a)

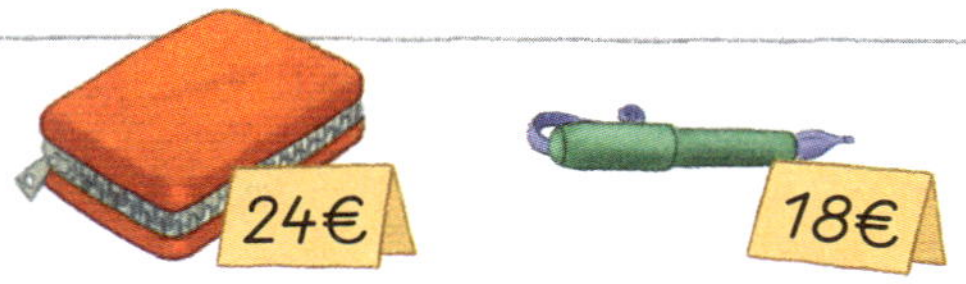

Es kostet ___ € zusammen.

b)

Es kostet ___ € zusammen.

2 Emilia und ihr Vater kaufen ein Paar Stelzen für 29 € und für Leo einen Hüpfball für 17 €.

Wie viel kostet es zusammen? Rechne aus.

Es kostet ___ € zusammen.

3 Herr Imhof hat für seine Zwillinge zwei Paar Stelzen gekauft.
Die beiden Paare kosten zusammen 58 €.
Herr Imhof bezahlt mit einem 100-€-Schein.

Wie viel Geld bekommt er zurück? Zeichne in das rechte Bild.

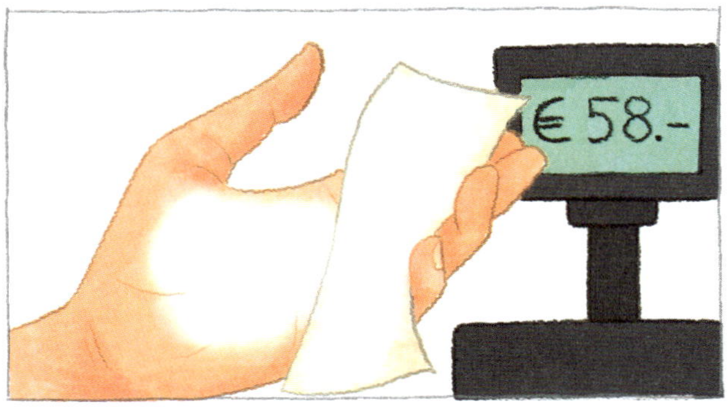

1 Finde weitere Möglichkeiten, 1 € zu legen. Zeichne.

1 €   1 €

2 Wie viel ist es zusammen? Kreise zuerst Münzen ein, die zusammen einen Euro ergeben. Rechne dann.

€ ct

€ ct

€ ct

€ ct

3 Lege jeden Betrag auf zwei verschiedene Arten. Zeichne.

a)

31 € 76 ct

31 € 76 ct

b)

58 € 17 ct

58 € 17 ct

4 Wechsle die Münzen.

a)

	5 ct	10 ct	20 ct	50 ct
50 ct	–	3	1	–
50 ct				
50 ct				
50 ct				

b)

	5 ct	10 ct	20 ct	50 ct
1 €				
1 €				
1 €				
1 €				

c)

	20 ct	50 ct	1 €
2 €			
2 €			
2 €			
2 €			

5 Lege 52 € 26 ct mit 4 Scheinen und 7 Münzen.
Notiere, wie du den Betrag gelegt hast.

1 Rechne immer zuerst wie Ben und dann wie Lina.

a)

b)

2 Rechne die Aufgabe 265 ct + 5 € 29 ct.

1 Wie viel Geld bekommen die Kinder zurück?

a) Anna kauft das Kartenspiel. Sie bezahlt mit .

8 € 49 ct —(+ 1 ct)→ 8 € 50 ct —(+ 50 ct)→ 9 € —(+ 1 €)→ 10 €

Anna bekommt ____ € ____ ct zurück.

b) Leo kauft den Zauberwürfel. Er bezahlt mit .

Leo bekommt ____ € ____ ct zurück.

c) Lilli kauft das Modellauto. Sie bezahlt mit .

Lilli bekommt ____ € ____ ct zurück.

d) Tom kauft das Puzzle. Er bezahlt mit  .

Tom bekommt ____ € ____ ct zurück.

2 Rechne.

a)
2 € 79 ct + ____ = 2 € 80 ct
2 € 79 ct + ____ = 3 €
2 € 79 ct + ____ = 3 € 10 ct
2 € 79 ct + ____ = 3 € 50 ct

b)
4 € 56 ct + ____ = 4 € 60 ct
4 € 56 ct + ____ = 4 € 80 ct
4 € 56 ct + ____ = 5 €
4 € 56 ct + ____ = 5 € 56 ct

1 Male die Stifte in der richtigen Farbe an und setze die passenden Wörter ein.

Benutze die Begriffe: ist kürzer als | ist länger als | ist genauso lang wie

a) _____ ist länger als _____
_____ ist kürzer als _____
_____ ist genauso lang wie _____
_____ ist kürzer als _____

b) _____ __________________ _____
_____ __________________ _____
_____ __________________ _____
_____ __________________ _____

2 Beschreibe die Gegenstände auf dem Foto.

Benutze die Begriffe: ist kürzer als | ist länger als | ist genauso lang wie

breit | hoch | lang | kurz | ist höher als | ist breiter als

____

____

____

____

____

____

____

1 Miss die Längen der Gegenstände.

___ cm

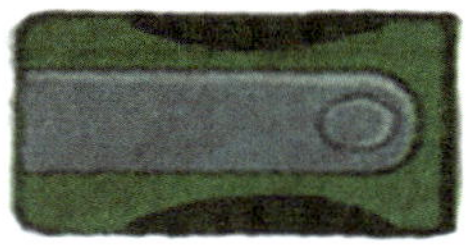

___ cm

___ cm

___ cm

2

a) Mithilfe dieser Merkgrößen kannst du die Länge oder Breite von Gegenständen abschätzen:

ungefähr 1 cm

Fingerbreite

ungefähr 10 cm

Fingerspanne

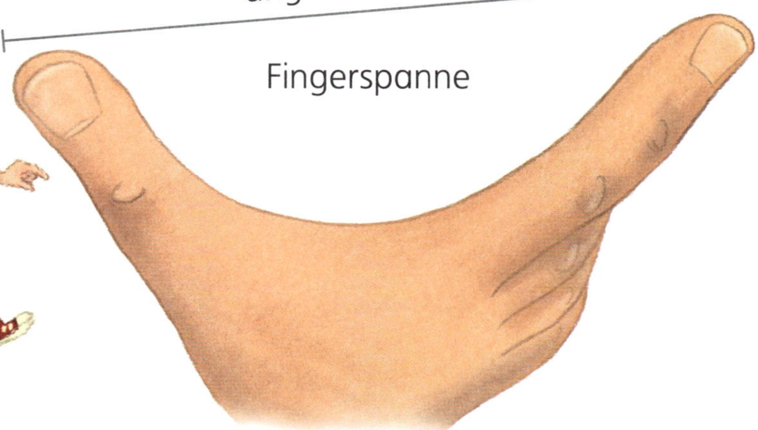

Schritt

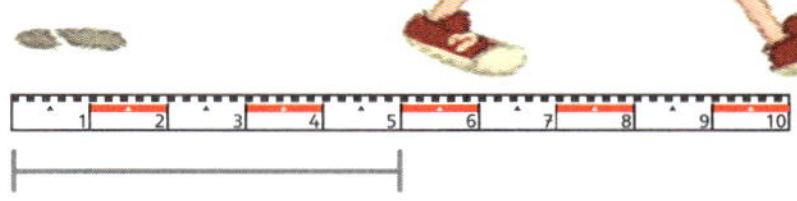

1 Schritt: ungefähr 50 cm,
2 Schritte: ungefähr 1 m

b) Finde zu jeder Merkgröße zwei Gegenstände, die genauso lang oder breit sind.

Merkgröße	Gegenstand	ungefähre Länge oder Breite in cm
Fingerbreite	*Gummibärchen*	*1 cm*
Fingerspanne		
Schritt		

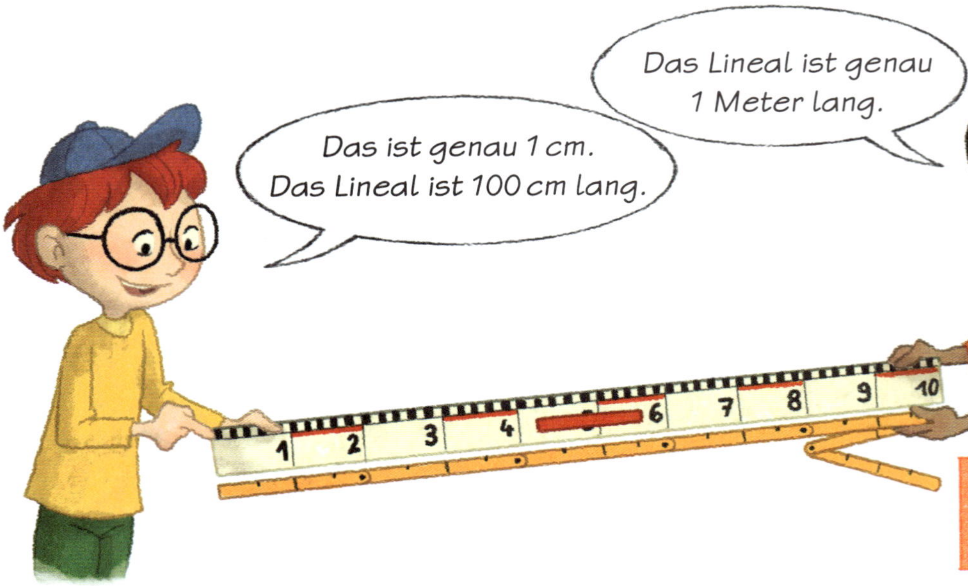

1 Meter = 100 cm
1 m = 100 cm

1 Auf welchen Abschnitten kannst du die Messwerte ablesen? Verbinde.

1 m 78 cm
1 m 67 cm
1 m 96 cm
1 m 41 cm
0 m 98 cm
1 m 39 cm
1 m 0 cm
1 m 45 cm

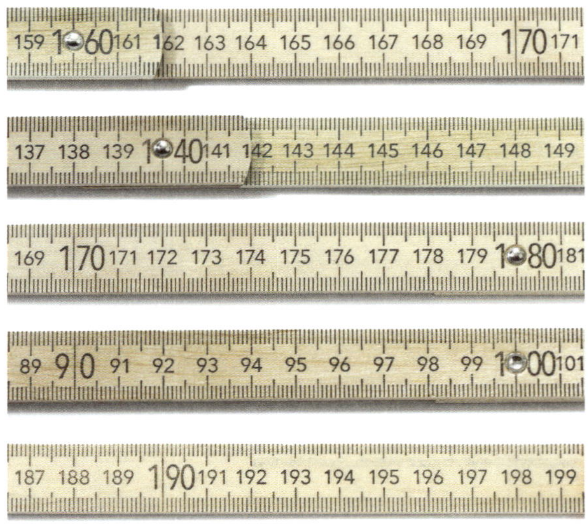

2 Schreibe die Werte aus Aufgabe 1 in cm.

a) 1 m 78 cm = ___ cm
1 m 67 cm = ___ cm
1 m 96 cm = ___ cm
1 m 41 cm = ___ cm

b) 0 m 98 cm = ___ cm
1 m 39 cm = ___ cm
1 m 0 cm = ___ cm
1 m 45 cm = ___ cm

3 Ordne der Größe nach. Beginne mit der kleinsten Länge.
Wie heißt das Lösungswort?

785 cm	T
70 m 82 cm	C
1 m 1 cm	L
25 m 17 cm	O
600 m	K
72 cm	Z
100 cm	O
350 cm	L
7 m 82 cm	S

2 m 36 cm + 4 m 84 cm

2 m 3 6 cm + 4 m 8 4 cm = 7 m 2 0 cm
2 m + 4 m = 6 m
3 6 cm + 8 4 cm = 1 m 2 0 cm

2 3 6 cm + 4 8 4 cm = 7 2 0 cm
2 0 0 cm + 4 0 0 cm = 6 0 0 cm
3 0 cm + 8 0 cm = 1 1 0 cm
6 cm + 4 cm = 1 0 cm
2 m 36 cm + 4 m 84 cm = 7 m 20 cm

1 Rechne immer zuerst wie Ben und dann wie Lina.

a) 2 m 57 cm + 5 m 78 cm

b) 2 m 46 cm + 6 m 71 cm

2 Rechne die Aufgabe 465 cm + 3 m 29 cm.

8 m 36 cm – 5 m 79 cm

1 Subtrahiere.

9 m 6 cm – 7 m 39 cm

2 Ella und Mira sind beim Weitsprung zusammen 6 m 47 cm gesprungen. Ella ist 2 m 98 cm gesprungen. Wie weit ist Mira gesprungen?

Mira ist ______ gesprungen.

3 Luisa hat beim Weitsprung 278 cm geschafft. Max ist 3 m und 17 cm weit gesprungen. Wie viele Zentimeter ist Max weiter gesprungen als Luisa?

Max ist ______ cm weiter gesprungen als Luisa.

1 Um wie viel Uhr könnte es sein? Verbinde.

13 Uhr	16 Uhr	7 Uhr	3 Uhr	10 Uhr	19 Uhr

2 Schreibe zu jeder Uhr beide Uhrzeiten auf.

a) 

b) 

c) 

3 Merles Geburtstagsfeier beginnt um 15 Uhr. Um 19 Uhr sollen alle Kinder von ihren Eltern wieder abgeholt werden. Wie lange dauert Merles Geburtstagsfeier?

Merles Geburtstagsfeier dauert Stunden.

4 Jonas fährt mit seinem Judoverein zu einem Wettkampf. Der Bus fährt um 14 Uhr los. Nach vier Stunden sind sie wieder zurück. Um wie viel Uhr kommt Jonas zurück?

Jonas kommt um Uhr wieder zurück.

eine Stunde	eine halbe Stunde	eine Viertelstunde	eine Dreiviertelstunde
60 min = 1 h	30 min = $\frac{1}{2}$ h	15 min = $\frac{1}{4}$ h	45 min = $\frac{3}{4}$ h

1 Wie lange dauert es ungefähr? Verbinde.

eine Schulstunde	3 min
Zähne putzen	eine halbe Stunde
ein Schultag	20 min
Blockflötenunterricht	10 min
ein Eis essen	eine Dreiviertelstunde
Einkauf im Supermarkt	315 min

2 Wie viele Minuten sind es? Rechne um.

a)
$2\frac{1}{2}$ h = ___ min
$1\frac{3}{4}$ h = ___ min
6 h = ___ min
$4\frac{1}{4}$ h = ___ min

b)
5 h = ___ min
$1\frac{1}{4}$ h = ___ min
2 h = ___ min
$3\frac{1}{2}$ h = ___ min

3 Wie viele Stunden sind es? Rechne um.

a)
90 min = ___ h
180 min = ___ h
165 min = ___ h
135 min = ___ h

b)
120 min = ___ h
270 min = ___ h
225 min = ___ h
315 min = ___ h

1 **Minute**

08:22

8 **Uhr** und 22 Minuten

20:22

20 **Uhr** und 22 Minuten

4 Wie viel Uhr ist es? Schreibe immer beide Uhrzeiten auf.

a) 

07:15

:

b) 

:

:

c) 

:

:

d) 

:

:

5 Zeichne immer den großen blauen Minutenzeiger ein.

a) 

08:35

b) 

11:56

c) 

02:08

d) 

17:42

6 Verbinde mit der passenden Uhr und zeichne immer den kleinen roten Stundenzeiger ein.

12:45 04:04 09:30 18:12

Wie lange dauert es von 15.23 Uhr bis 15.31 Uhr?

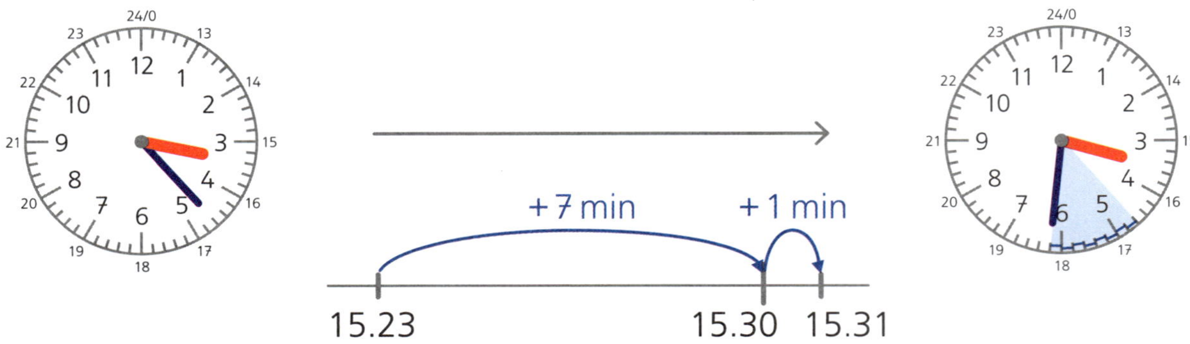

Von 15.23 Uhr bis 15.31 Uhr dauert es 8 Minuten.

1 Wie lange dauert es?

a)

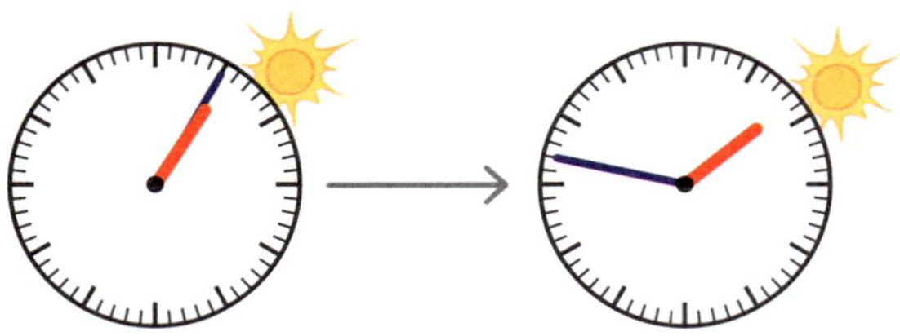

Es dauert ___ h und ___ min.

b)

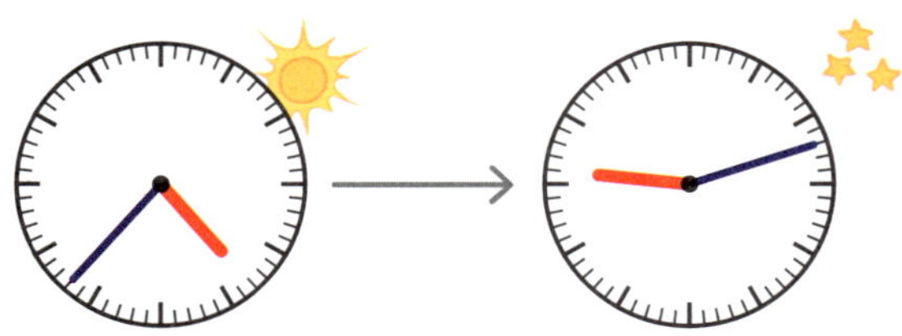

Es dauert ___ h und ___ min.

c) 09:58 ⟶ 12:31

Es dauert ___ h und ___ min.

d) 22:45 ⟶ 05:26

Es dauert ___ h und ___ min.

2 Ergänze die fehlenden Uhrzeiten und Zeitspannen.

Anfang	Dauer	Ende
19.08 Uhr	2 h 10 min	
	6 h 21 min	1.10 Uhr
15.30 Uhr		17.22 Uhr
12.56 Uhr	4 h 8 min	
	2 h 36 min	20.15 Uhr
7.45 Uhr		10.47 Uhr
	6 h 58 min	

1 Was stimmt? Kreuze an.

a) 

- [ ] Viertel nach 10
- [ ] Viertel vor 10
- [ ] Viertel nach halb 10

b) 

- [ ] halb 1
- [ ] halb 14
- [ ] halb 2

c) 

- [ ] Viertel nach 10
- [ ] Viertel nach 11
- [ ] Viertel vor halb 11

d) 

- [ ] 5 vor 3
- [ ] 3 vor 5
- [ ] 57 nach 4

e) 

- [ ] 24 vor halb 3
- [ ] 3 nach 6
- [ ] 6 nach 3

1 Trage die fehlenden Angaben ein.

a) 

__ : __

__ : __

b) 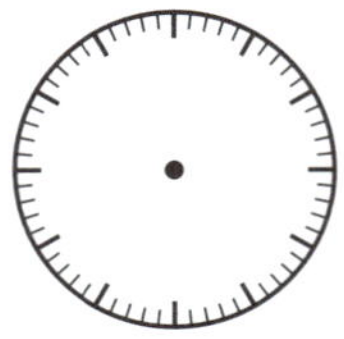

19:05

__ : __

c) 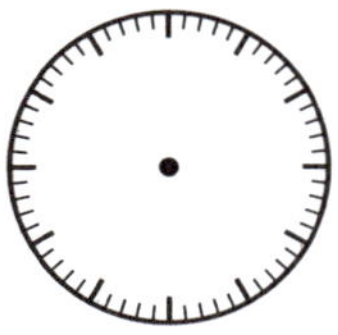

__ : __

__ : __

Viertel nach 3

d) 

__ : __

__ : __

e) 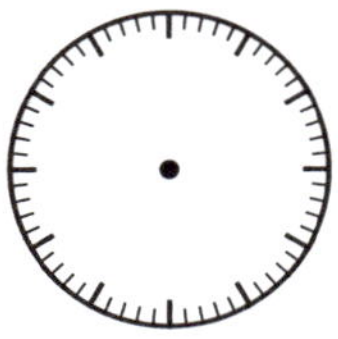

__ : __

__ : __

6 vor 7

f) 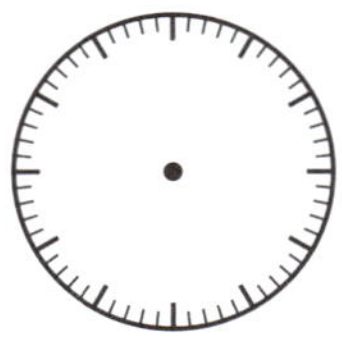

__ : __

__ : __

2 Kreuze die richtige Antwort an.

Tom und Annika sind um 15 Uhr auf dem Spielplatz verabredet.

a) Tom geht um Viertel vor 3 los. Er braucht nur 10 min bis zum Spielplatz. Wann kommt Tom am Spielplatz an?

- Tom kommt um 5 vor 3 an. ☐
- Tom kommt um 5 nach 3 an. ☐

b) Annika geht um 5 nach halb 3 los.
Normalerweise braucht sie 35 min.
Sie trödelt und kommt erst um Viertel nach 3 an.
Wie lange hat Annika gebraucht?

- Annika hat eine Dreiviertelstunde gebraucht. ☐
- Annika hat 40 min gebraucht. ☐

c) Wie lange muss Tom auf Annika warten?

- Tom muss über eine Dreiviertelstunde auf Annika warten. ☐
- Tom muss weniger als eine halbe Stunde auf Annika warten. ☐

1 Vergleiche die Flächengröße der Figuren.

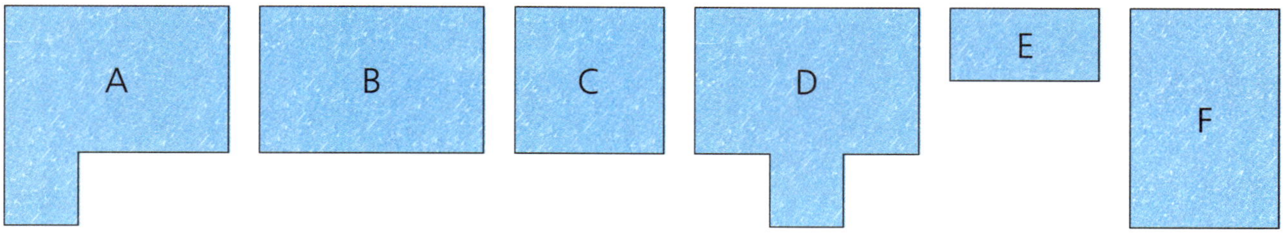

ist größer als B	F ist kleiner als	ist größer als
ist größer als C	C ist größer als	ist kleiner als
ist genau so groß wie		ist genau so groß wie

2 Vergleiche die Flächengröße der Figuren. Lege erst die eine Figur aus und lege dann die gleichen Steckwürfel-Kärtchen in die andere Figur. Setze >, < oder = ein.

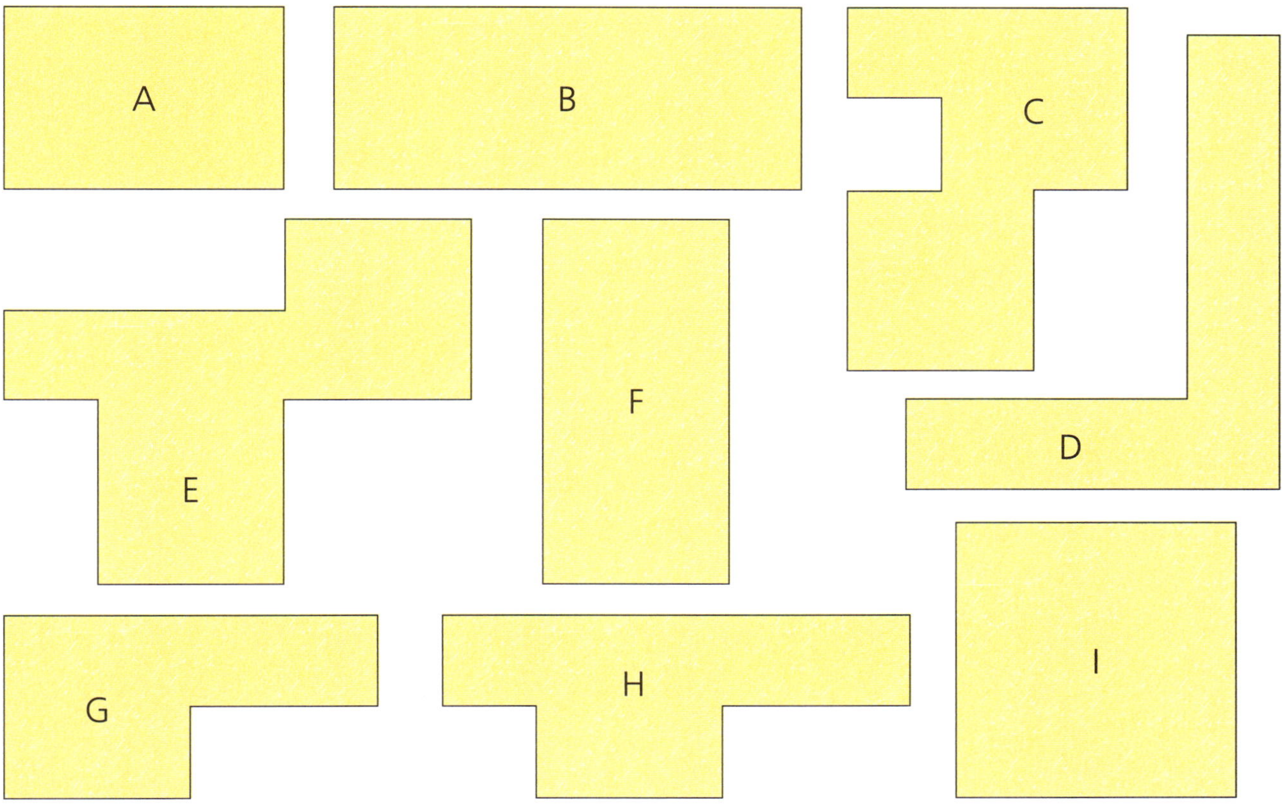

A < B	H A	G A
C I	C E	C B
F G	D F	E D

1 Wie viele Steckwürfel passen in die Figuren? Lege aus.

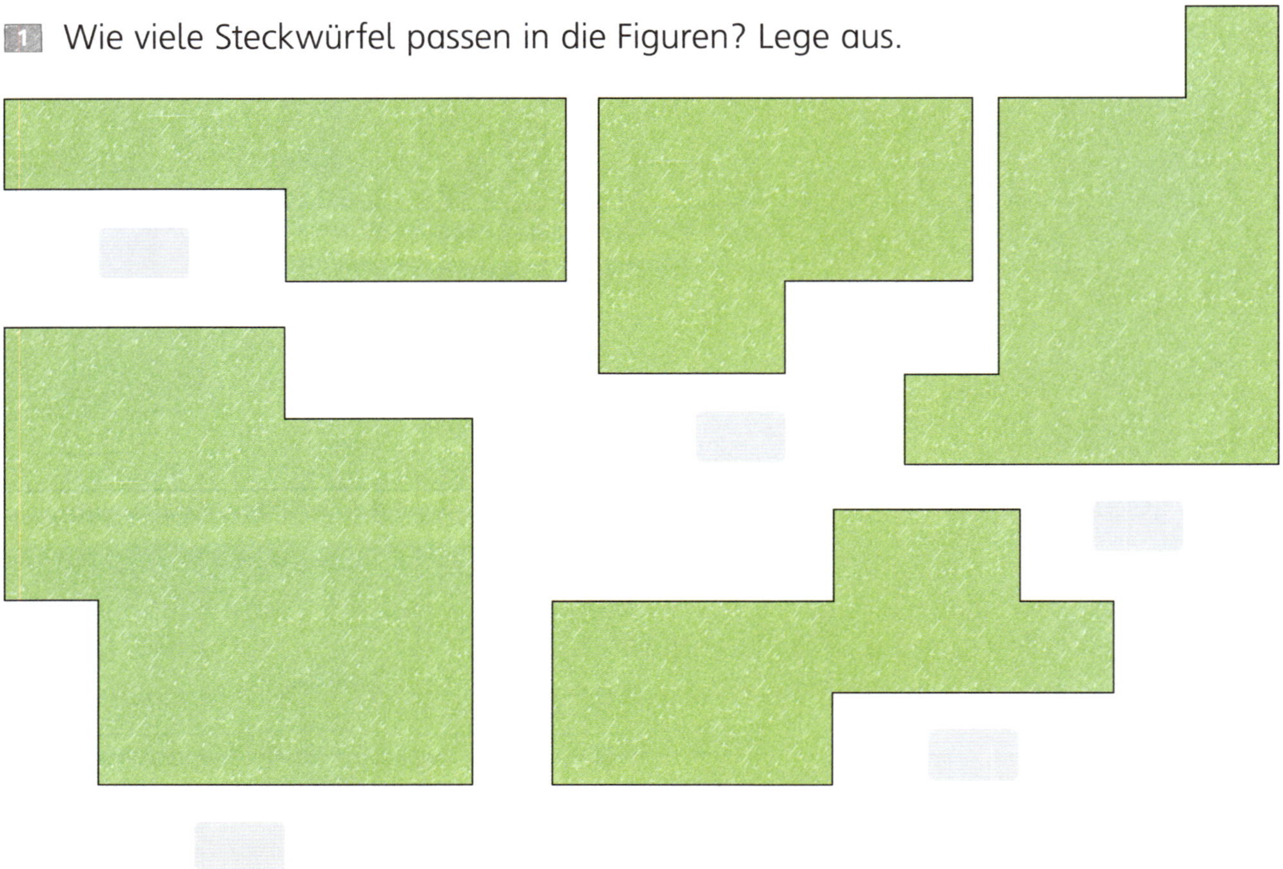

2 Ordne die Figuren nach ihrer Flächengröße. Beginne mit der Figur, die die kleinste Flächengröße hat.

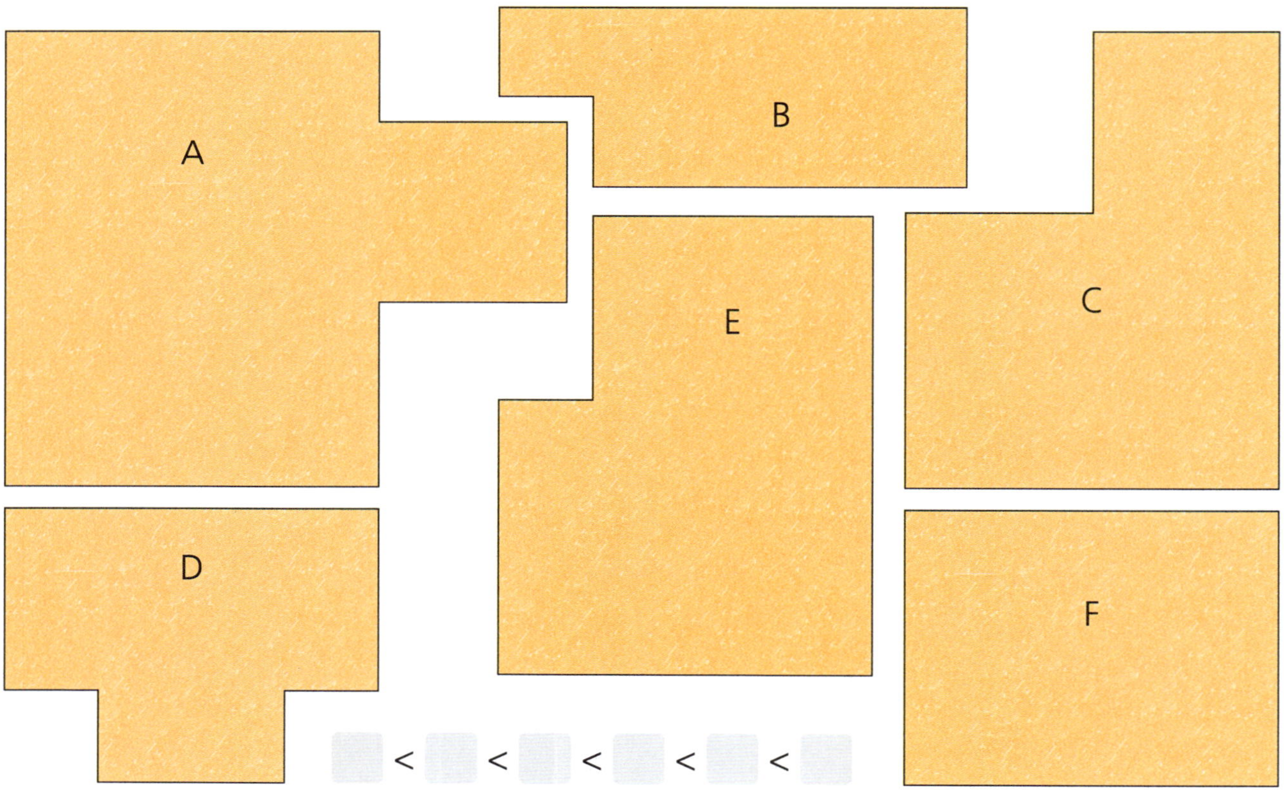

___ < ___ < ___ < ___ < ___ < ___

1 Richtig oder falsch? Kreuze an.

a) 

☐ richtig ☐ falsch

b) 

☐ richtig ☐ falsch

c) 

☐ richtig ☐ falsch

d) 

☐ richtig ☐ falsch

e) 

☐ richtig ☐ falsch

f) 

☐ richtig ☐ falsch

2 Was passt? Kreuze an. Insgesamt musst du 4 Gegenstände ankreuzen.

a) 

ist leichter als

☐ 

☐ 

☐ 

b) 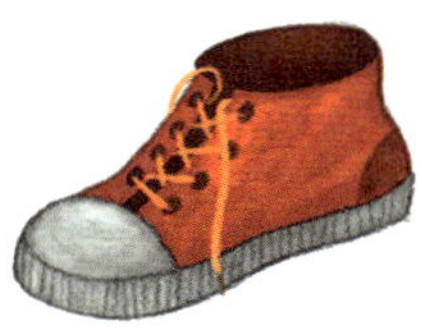

ist schwerer als

☐ 

☐ 

☐ 

c) 

wiegt ungefähr so viel wie

☐ 

☐ 

☐ 

1 Bau dir eine Kleiderbügelwaage. Du brauchst:

- einen Kleiderbügel
- 2 große, leere, saubere Joghurtbecher
- Kordel
- Schere

2 Vergleiche das Gewicht verschiedener Gegenstände mit deiner Kleiderbügelwaage. Trage deine Ergebnisse in die Tabelle ein.

Gegenstand	ist schwerer/leichter als oder wiegt genau so viel wie	Gegenstand
ein Steckwürfel	*ist leichter als*	*ein Füller*

3 Ordne die Gegenstände nach ihrem Gewicht.
Beginne mit dem schwersten Gegenstand. Benutze deine Kleiderbügelwaage.

Taschenrechner	*1*	Tischtennisball		Spielwürfel			
eine 1-€-Münze		Schere		Textmarker		Klebestift	

4 Welches Stofftier ist am schwersten? Welches ist am leichtesten?

________________ ist am schwersten. ________________ ist am leichtesten.

1 Fabian hat verschiedene Gegenstände mit dem Radiergummi und der Schere verglichen.

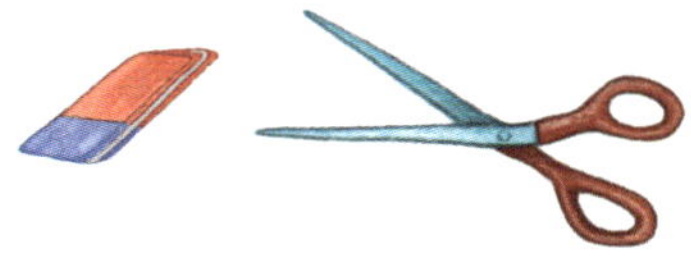

Vergleich mit dem Radiergummi:

schwerer	leichter
Lineal	Büroklammer
Füller	Filzstift
Handy	Spitzer

Vergleich mit der Schere:

schwerer	leichter
Handy	Lineal
Locher	Füller
Mäppchen	Spitzer

Setze die Wörter mehr, weniger, leichter oder schwerer ein.

a) Die Büroklammer wiegt ________________ als der Radiergummi.

b) Der Locher ist ________________ als die Schere.

c) Der Füller wiegt ________________ als der Spitzer.

d) Das Lineal ist ________________ als das Handy.

e) Der Radiergummi wiegt ________________ als die Schere.

f) Das Mäppchen ist ________________ als der Filzstift.

2 Vergleiche die Gewichte der Steckwürfelgebäude.
Setze >, < oder = ein.

Gewicht von A	Gewicht von B
Gewicht von B	Gewicht von C
Gewicht von D	Gewicht von E
Gewicht von E	Gewicht von C
Gewicht von F	Gewicht von D

A

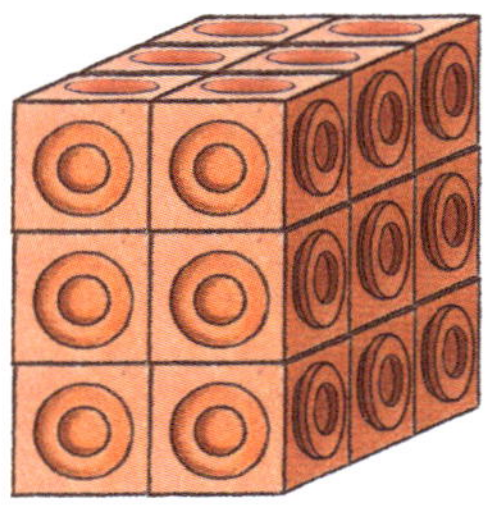

B

C

D

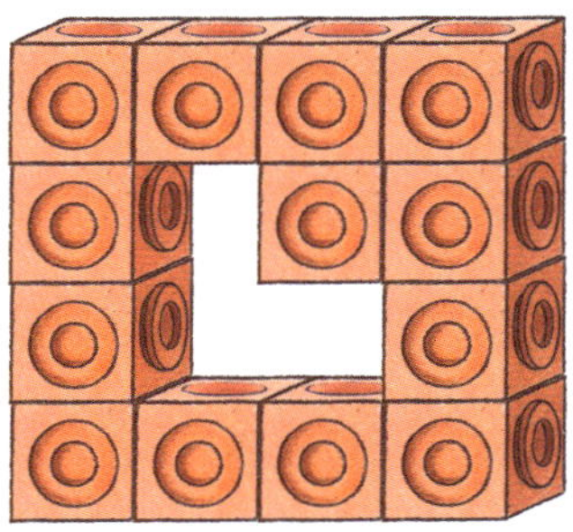

E

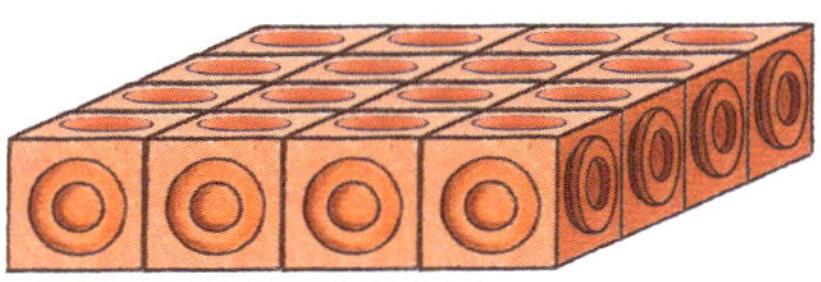

F

1 Wiege verschiedene Gegenstände mit deiner Kleiderbügelwaage.
Benutze einheitliche Hilfsmittel wie zum Beispiel gleiche Holzklötze, Steckwürfel, Kastanien oder Ähnliches.
Trage deine Ergebnisse in die Tabelle ein.

Gegenstand	gewogen mit ______	gewogen mit ______

2 Zeichne die passende Anzahl Steckwürfel in die letzte Waagschale.
Die Waage soll immer im Gleichgewicht stehen.

a)

b)

c)

1 Richtig oder falsch? Kreuze an.

 fasst mehr als  ☐ richtig ☐ falsch

 fasst genauso viel wie  ☐ richtig ☐ falsch

 fasst weniger als  ☐ richtig ☐ falsch

 fasst genauso viel wie  ☐ richtig ☐ falsch

 fasst mehr als  ☐ richtig ☐ falsch

 fasst weniger als  ☐ richtig ☐ falsch

 fasst genauso viel wie  ☐ richtig ☐ falsch

1 Was passt zusammen? Verbinde.

2 Führe eigene Umfüllexperimente durch und vergleiche die Wasserstände im Eimer.

Du brauchst dafür
- einen großen Eimer (10 l)
- leere Gefäße in unterschiedlichen Größen: z. B. Gläser, Joghurtbecher, Flaschen, Tassen
- Wasser
- einen Stift, um den Wasserstand im Eimer zu markieren

3 Wähle drei unterschiedliche Gefäße aus. Trage in die Tabelle ein, wie viele Joghurtbecher mit Wasser in deine Gefäße passen.

Anzahl der Joghurtbecher			

1 Trage die Geldbeträge auf den Kärtchen in die Tabelle ein.

~~3 € 49 ct~~ | 46,78 € | 12 € 2 ct | 5 Cent | 99 Euro | 168,85 € | 74 ct | 306,05 € | 73 € 67 ct | 0,99 €

Preis in € und ct						Preis mit Komma
3 € 49 ct			3	4	9	3,49 €

2 Trage die fehlenden Angaben ein.

a) 456 ct = 4 € 56 ct = ____
32 ct = ____ = 0,32 €
____ = 7 € 8 ct = 7,08 €

b) 2 ct = 0 € 2 ct = ____
999 ct = ____ = 9,99 €
____ = 8 € 96 ct = 8,96 €

3 Ordne der Größe nach. Beginne mit dem niedrigsten Preis.

786 €	
7,86 €	
780 ct	
78,60 €	
78 € 68 ct	

6,78 € + 2,49 €

678 ct	+	249 ct	=	927 ct
600 ct	+	200 ct	=	800 ct
70 ct	+	40 ct	=	110 ct
8 ct	+	9 ct	=	17 ct

6,78 € + 2,49 € = 9,27 €

	6,78 €
+	2,49 €
	₁ ₁
	9,27 €

1 Rechne zuerst wie Lina und dann wie Ben. 4,69 € + 2,78 €

2 Addiere schriftlich.

3,99 € + 1,58 € | 1,06 € + 4,29 € | 2,70 € + 5,64 € | 1,99 € + 7,33 €

3 Addiere schriftlich. Wandle zuerst um, wenn nötig.

5,68 € + 340 ct | 304 ct + 502 ct | 8,75 € + 0,99 € | 200 ct + 6,04 €

3 ct + 7,89 € | 4,55 € + 69 ct | 2,88 € + 1,26 € | 1,09 € + 109 ct

1 Luisa kauft sich einen Zirkel für 11,99 €
und einen Radiergummi für 1,84 €.

Wie viel muss sie insgesamt bezahlen?

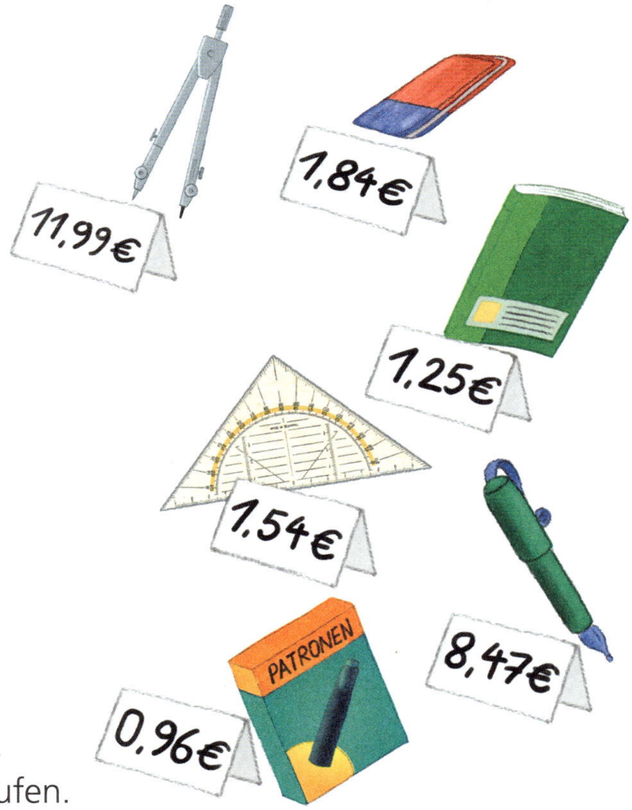

Luisa muss insgesamt ______ bezahlen.

2 Jakob soll für seinen Bruder ein Geodreieck
und ein Schreibheft mitbringen. Seine Mutter
hat ihm dafür einen 5-Euro-Schein mitgegeben.
Davon soll er sich auch noch einen Radierer kaufen.

Reicht das Geld dafür aus?
Rechne zuerst mit gerundeten Beträgen.

Überschlag:

genaue Rechnung:

A: ______________________________

3 Marit kauft sich einen Füller und passend dazu ein Päckchen Patronen.
Sie bezahlt mit einem 20-Euro-Schein.

Wie viel Geld bekommt sie zurück?

Marit bekommt ______ zurück.

1 Trage die Längen auf den Kärtchen in die Tabelle ein.

~~3 m 49 cm~~ | 46,78 m | 12 m 2 cm | 5 Zentimeter | 99 Meter | 168,85 m | 74 cm | 306,05 m | 73 m 67 cm | 0,99 m

Länge in m und cm	100 m	10 m	1 m	10 cm	1 cm	Länge mit Komma
3 m 49 cm			*3*	*4*	*9*	*3,49 m*

2 Trage die fehlenden Angaben ein.

a)

356 cm	=	3 m 56 cm	=	
72 cm	=		=	0,72 m
	=	8 m 8 cm	=	8,08 m

b)

47 cm	=	0 m 47 cm	=	
299 cm	=		=	2,99 m
	=	8 m 96 cm	=	8,96 m

3 Ordne der Größe nach. Beginne mit der kleinsten Länge.

543 m	
5,44 m	
543 cm	
54,3 m	
53 m 43 cm	

6,78 m + 2,49 m	6,78 € + 2,49 €
6,78 m + 2,49 m (Übertrag: 1 1) 9,27 m	6,78 € + 2,49 € (Übertrag: 1 1) 9,27 €

1 Rechne schriftlich. Beachte das Rechenzeichen.

3,99 m + 1,58 m | 1,06 m + 4,29 m | 5,64 m – 2,70 m | 8,24 m – 6,38 m

2 Rechne schriftlich. Wandle zuerst um, wenn nötig.

5,68 m + 340 cm | 304 cm + 502 cm | 8,75 m – 0,99 m | 800 cm – 6,04 m

30 cm + 7,89 m | 4,55 m + 9 cm | 2,88 m – 1,26 m | 1,09 m – 108 cm

3 Leo springt beim Weitsprung 2,84 m. Maja springt noch 48 cm weiter.

Wie weit ist Maja gesprungen?

Maja ist ______ gesprungen.

+10 **Sekunden**
+10 s

1 Miss mit einer Stoppuhr. Wie viele Sekunden brauchst du?

Tätigkeit	Sekunden
bis 10 zählen	
das Alphabet aufsagen	
von 30 aus rückwärts bis Null zählen	
deinen Namen in Spiegelschrift schreiben	

2 Wie lange dauert es? Setze Stunden, Minuten oder Sekunden ein.

10 ____________

11 ____________

3 ____________

5 ____________

30 ____________

30 ____________

3 Wie viele Sekunden hat es gedauert?

a) 

→ 

b) 

→ 

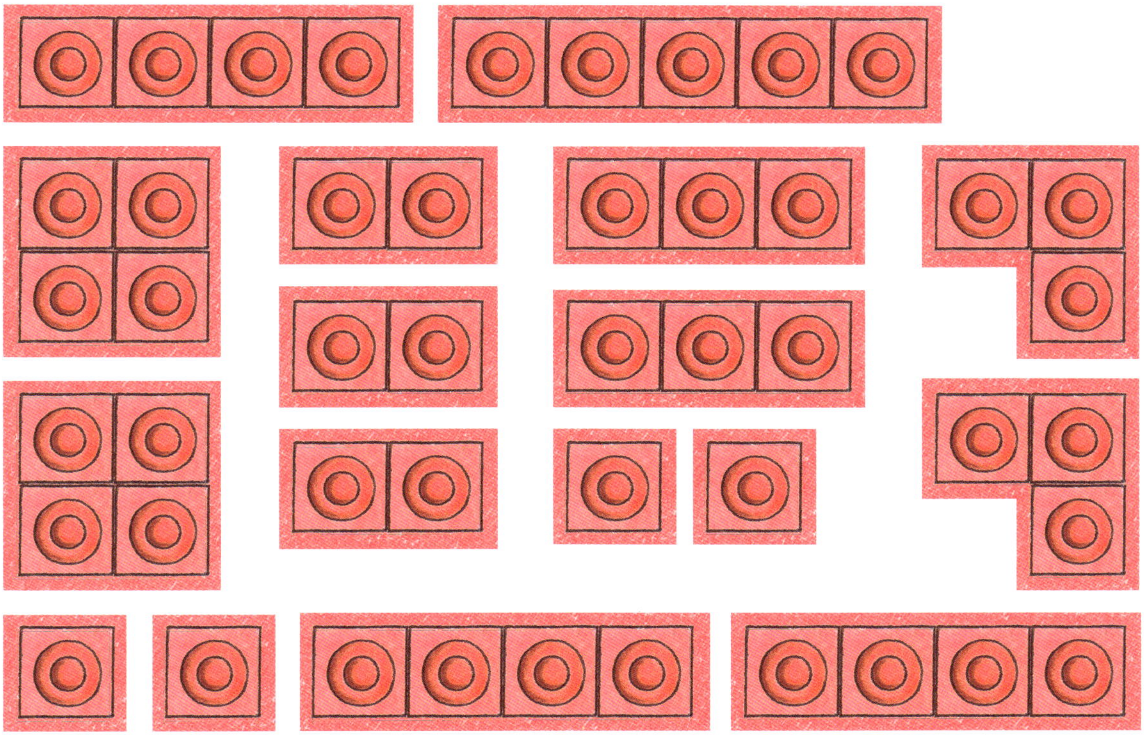

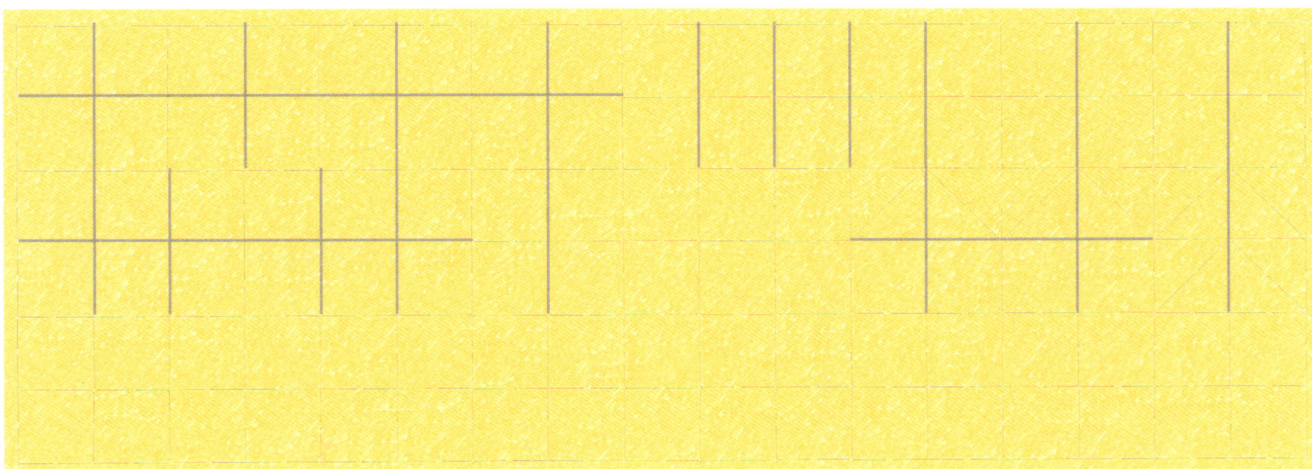

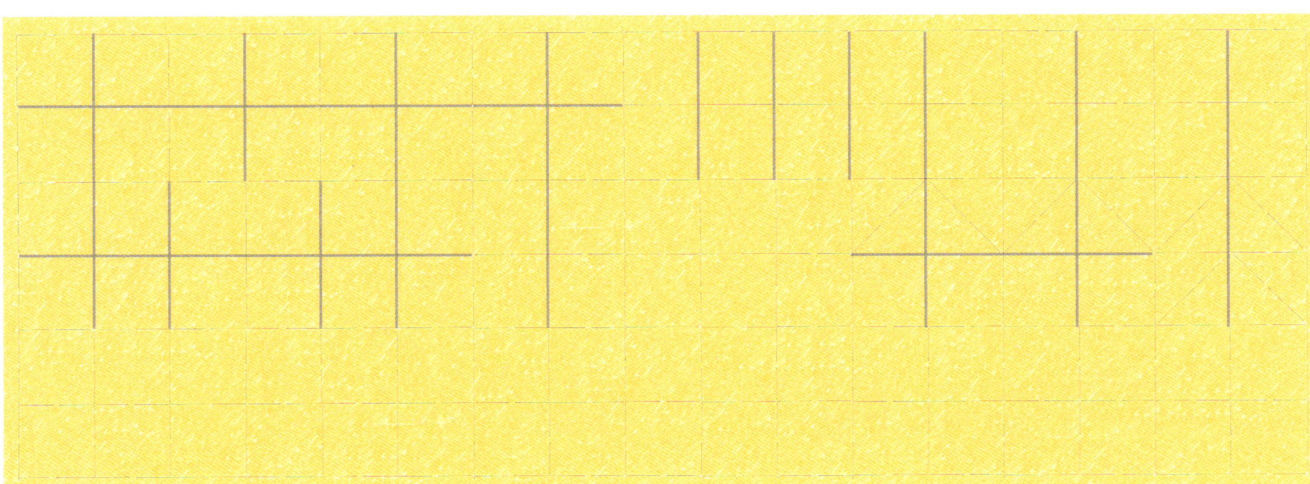

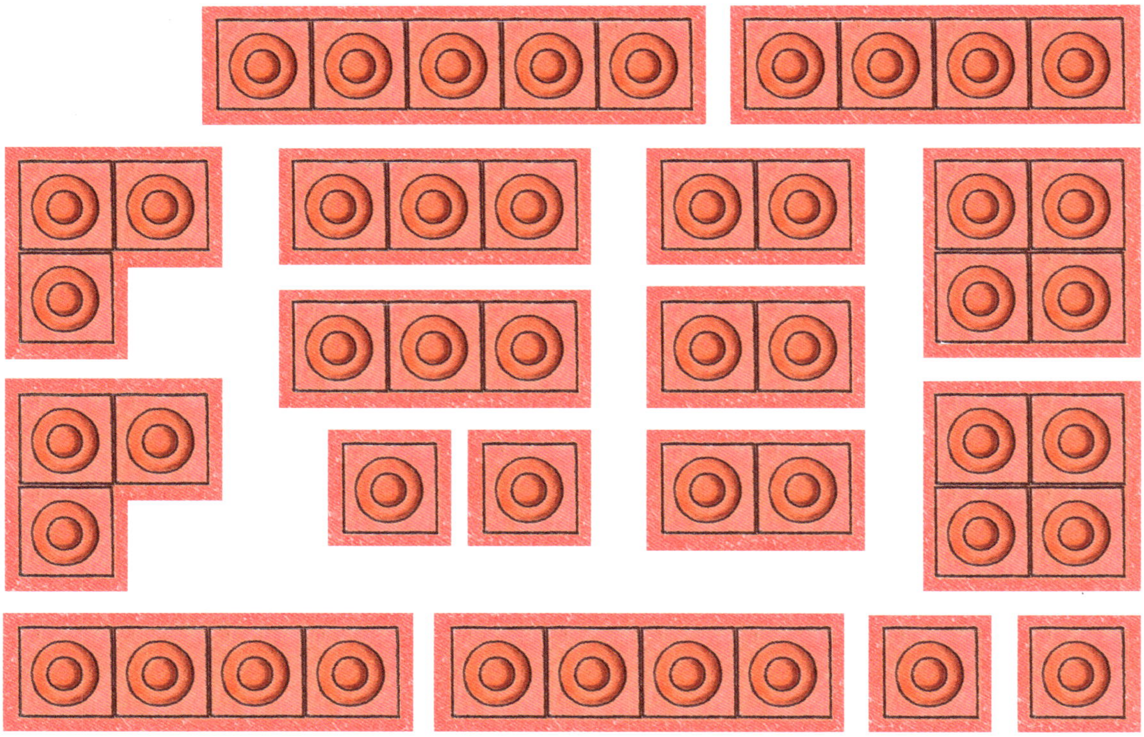

1 Wie viel Geld ist es?

a)
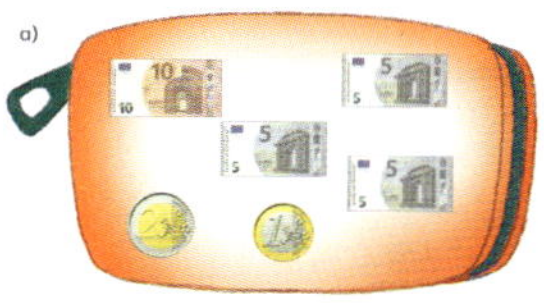
28 €

b)

90 €

c)

37 ct

d)

73 ct

e)
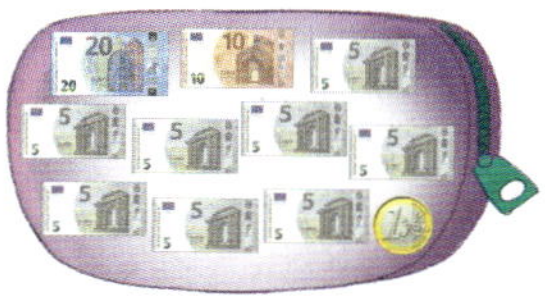
71 €

f)

76 ct

2 Zeichne die Geldbeträge. *

a) 50 € 20 € 10 € 2 € 2 €

84 €

b) 50 ct 20 ct 20 ct 5 ct

95 ct

1 Wie viel kostet es zusammen? Zeichne. *

a)

20 € 2 € 2 € 10 € 5 € 2 € 1 €

Es kostet 42 € zusammen.

b)

50 € 5 € 1 € 1 € 1 € 1 € 20 € 5 € 10 € 2 €

Es kostet 96 € zusammen.

2 Emilia und ihr Vater kaufen ein Paar Stelzen für 29 € und für Leo einen Hüpfball für 17 €.
Wie viel kostet es zusammen? Rechne aus.

29 € + 17 € = 46 €
20 € + 10 € = 30 €
9 € + 7 € = 16 €

Es kostet 46 € zusammen.

3 Herr Imhof hat für seine Zwillinge zwei Paar Stelzen gekauft.
Die beiden Paare kosten zusammen 58 €.
Herr Imhof bezahlt mit einem 100-€-Schein.
Wie viel Geld bekommt er zurück? Zeichne in das rechte Bild.

*

* Andere Stückelungen sind möglich.

* Andere Stückelungen sind möglich.

1 Finde weitere Möglichkeiten, 1 € zu legen. Zeichne. *

50 ct 20 ct 20 ct 10 ct

1 €

20 ct 20 ct 10 ct 10 ct 10 ct 5 ct 5 ct 20 ct

1 €

2 Wie viel ist es zusammen? Kreise zuerst Münzen ein, die zusammen einen Euro ergeben. Rechne dann.

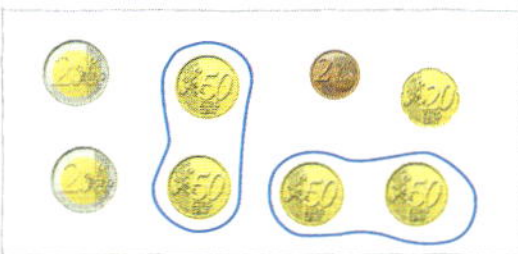
6 € 22 ct

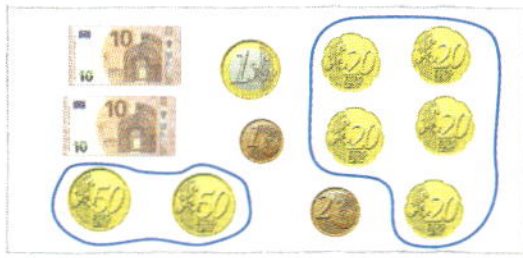
23 € 3 ct

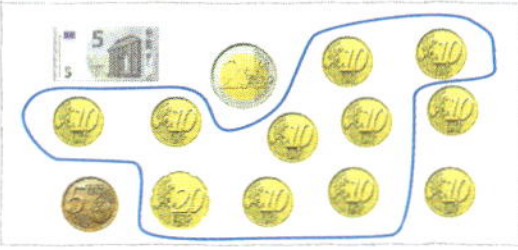
8 € 25 ct

29 € 17 ct

3 Lege jeden Betrag auf zwei verschiedene Arten. Zeichne. *

a) 10 € 1 € 50 ct 10 € 20 ct 10 € 1 ct 5 ct

31 € 76 ct

20 € 1 ct 50 ct 10 ct 10 € 1 € 1 ct 2 ct 2 ct 10 ct

31 € 76 ct

b) 50 € 10 ct 5 ct 5 € 1 € 2 € 2 ct

58 € 17 ct

20 € 5 ct 5 ct 20 € 5 ct 1 ct 10 € 1 ct

58 € 17 ct

4 Wechsle die Münzen. *

a)

	5 ct	10 ct	20 ct	50 ct
50 ct	–	3	1	–
50 ct	–	5	–	–
50 ct	10	–	–	–
50 ct	–	1	2	–

b)

	5 ct	10 ct	20 ct	50 ct
1 €	–	10	–	–
1 €	–	–	–	2
1 €	–	1	2	1
1 €	10	–	–	1

c)

	20 ct	50 ct	1 €
2 €	–	–	2
2 €	10	–	–
2 €	–	4	–
2 €	–	2	1

5 Lege 52 € 26 ct mit 4 Scheinen und 7 Münzen.
Notiere, wie du den Betrag gelegt hast. *

20 € 10 € 10 € 10 €
2 € 5 ct 5 ct 5 ct 5 ct 5 ct 1 ct

* Andere Stückelungen sind möglich.

* Andere Stückelungen sind möglich.

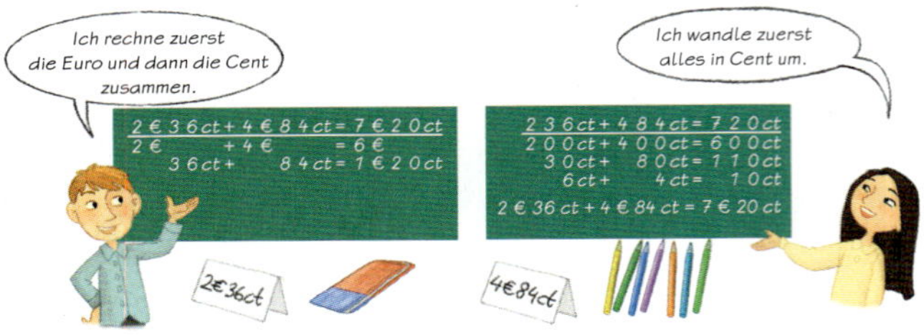

1 Rechne immer zuerst wie Ben und dann wie Lina.

a)
4 € 95 ct + 3 € 99 ct = 8 € 94 ct
4 € + 3 € = 7 €
95 ct + 99 ct = 1 € 94 ct

495 ct + 399 ct = 894 ct
400 ct + 300 ct = 700 ct
90 ct + 90 ct = 180 ct
5 ct + 9 ct = 14 ct
4 € 95 ct + 3 € 99 ct = 8 € 94 ct

b)
6 € 45 ct + 2 € 99 ct = 9 € 44 ct
6 € + 2 € = 8 €
45 ct + 99 ct = 1 € 44 ct

645 ct + 299 ct = 944 ct
600 ct + 200 ct = 800 ct
40 ct + 90 ct = 130 ct
5 ct + 9 ct = 14 ct
6 € 45 ct + 2 € 99 ct = 9 € 44 ct

2 Rechne die Aufgabe 265 ct + 5 € 29 ct.*

2 € 65 ct + 5 € 29 ct = 7 € 94 ct
2 € + 5 € = 7 €
60 ct + 20 ct = 80 ct
5 ct + 9 ct = 14 ct

* Rechnung auch nach Umrechnung in Cent möglich.

1 Wie viel Geld bekommen die Kinder zurück?

a) Anna kauft das Kartenspiel. Sie bezahlt mit 10 €.

8 € 49 ct —(+ 1 ct)→ 8 € 50 ct —(+ 50 ct)→ 9 € —(+ 1 €)→ 10 €

Anna bekommt 1 € 51 ct zurück.

b) Leo kauft den Zauberwürfel. Er bezahlt mit 20 €.

9 € 87 ct —(+ 3 ct)→ 9 € 90 ct —(+ 10 ct)→ 10 € —(+ 10 €)→ 20 €

Leo bekommt 10 € 13 ct zurück.

c) Lilli kauft das Modellauto. Sie bezahlt mit 50 €.

35 € 89 ct —(+ 1 ct)→ 35 € 90 ct —(+ 10 ct)→ 36 € —(+ 4 €)→ 40 € —(+ 10 €)→ 50 €

Lilli bekommt 14 € 11 ct zurück.

d) Tom kauft das Puzzle. Er bezahlt mit 20 € und 10 €.

23 € 37 ct —(+ 3 ct)→ 23 € 40 ct —(+ 60 ct)→ 24 € —(+ 6 €)→ 30 €

Tom bekommt 6 € 63 ct zurück.

2 Rechne.

a)			b)		
2 € 79 ct +	1 ct	= 2 € 80 ct	4 € 56 ct +	4 ct	= 4 € 60 ct
2 € 79 ct +	21 ct	= 3 €	4 € 56 ct +	24 ct	= 4 € 80 ct
2 € 79 ct +	31 ct	= 3 € 10 ct	4 € 56 ct +	44 ct	= 5 €
2 € 79 ct +	71 ct	= 3 € 50 ct	4 € 56 ct +	1 €	= 5 € 56 ct

1 Male die Stifte in der richtigen Farbe an und setze die passenden Wörter ein.

Benutze die Begriffe: ist kürzer als | ist länger als | ist genauso lang wie

*a)
blau ist länger als rot
hellblau ist kürzer als gelb
hellgrün ist genauso lang wie gelb
grün ist kürzer als blau

b)
grün *ist genauso lang wie* hellblau
hellgrün *ist länger als* orange
rot *ist kürzer als* blau
orange *ist kürzer als* hellgrün **

2 Beschreibe die Gegenstände auf dem Foto.**

Benutze die Begriffe: ist kürzer als | ist länger als | ist genauso lang wie | breit | hoch | lang | kurz | ist höher als | ist breiter als

Das Sparschwein ist höher als das Quietscheentchen.
Der Notizblock ist 4 Steckwürfel hoch.
Der Spitzer ist 2 Steckwürfel lang.
Der Kleber ist 7 Steckwürfel hoch. Das sind 2 Steckwürfel höher als das Quietscheentchen.
Das Übungsheft ist 13 Steckwürfel breit und 18 Steckwürfel hoch.

* Andere Farben sind möglich.
** Beispiellösung: Die Lösung ist individuell.

1 Miss die Längen der Gegenstände.

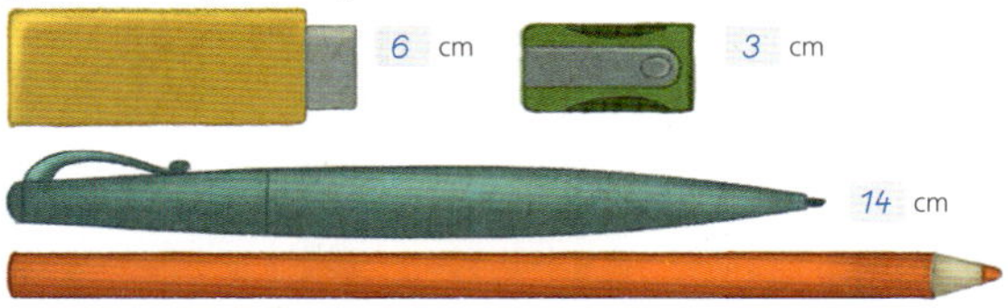

6 cm
3 cm
14 cm
17 cm

2
a) Mithilfe dieser Merkgrößen kannst du die Länge oder Breite von Gegenständen abschätzen:

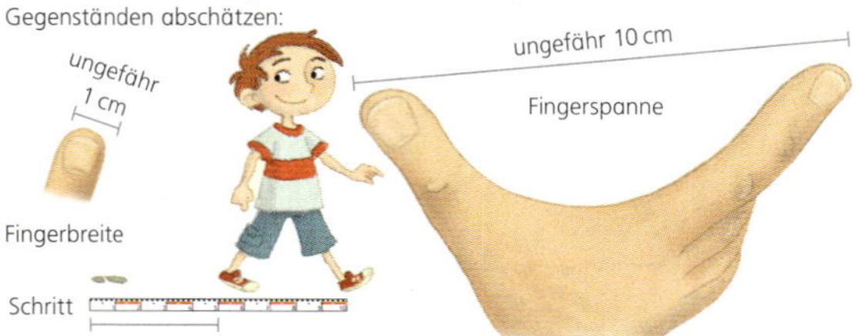

b)* Finde zu jeder Merkgröße zwei Gegenstände, die genauso lang oder breit sind.

Merkgröße	Gegenstand	ungefähre Länge oder Breite in cm
Fingerbreite	Gummibärchen	1 cm
	Radiergummi	1 cm (Breite)
Fingerspanne	Kugelschreiber	10 cm (Länge)
	Filzstift	12 cm (Länge)
Schritt	großer Schuhkarton	40 cm (Länge)
	Computerbildschirm	60 cm (Breite)

* Andere Gegenstände sind möglich.

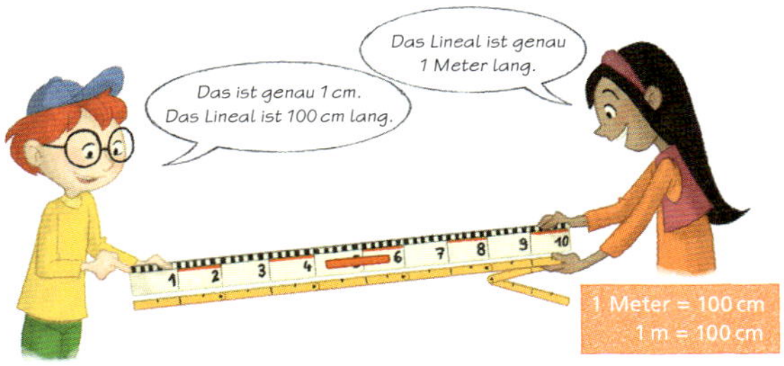

1 Auf welchen Abschnitten kannst du die Messwerte ablesen? Verbinde.

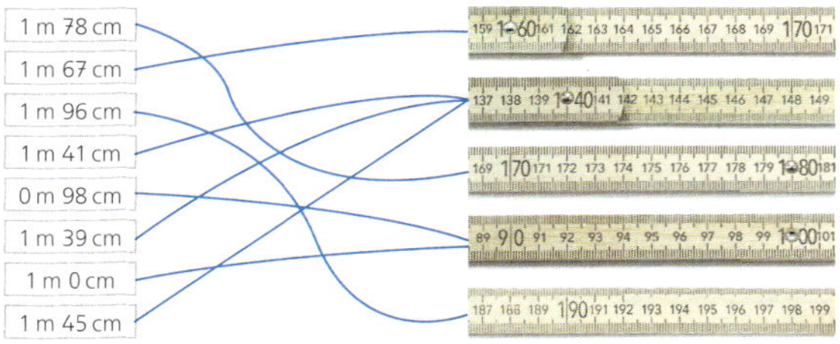

2 Schreibe die Werte aus Aufgabe 1 in cm.

a) 1 m 78 cm = *178* cm
1 m 67 cm = *167* cm
1 m 96 cm = *196* cm
1 m 41 cm = *141* cm

b) 0 m 98 cm = *98* cm
1 m 39 cm = *139* cm
1 m 0 cm = *100* cm
1 m 45 cm = *145* cm

3 Ordne der Größe nach. Beginne mit der kleinsten Länge.
Wie heißt das Lösungswort?

25 m 17 cm O · 1 m 1 cm L · 785 cm T · 70 m 82 cm C · 600 m K · 100 cm O · 72 cm Z · 350 cm L · 7 m 82 cm S

Z O L L S T O C K

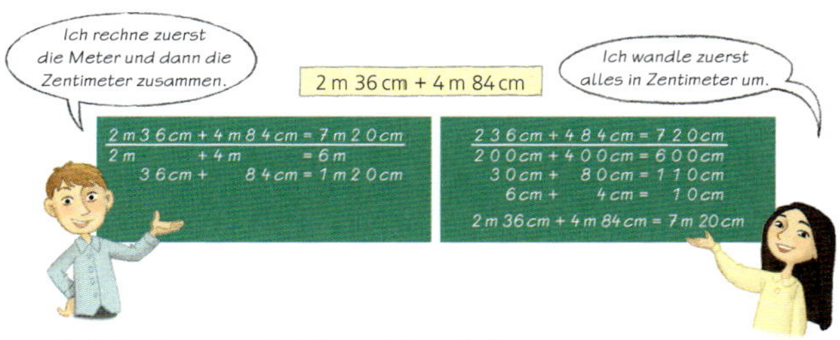

1 Rechne immer zuerst wie Ben und dann wie Lina.

a) 2 m 57 cm + 5 m 78 cm

2 m 5 7 cm + 5 m 7 8 cm = 8 m 3 5 cm
2 m + 5 m = 7 m
5 7 cm + 7 8 cm = 1 m 3 5 cm

2 5 7 cm + 5 7 8 cm = 8 3 5 cm
2 0 0 cm + 5 0 0 cm = 7 0 0 cm
5 0 cm + 7 0 cm = 1 2 0 cm
7 cm + 8 cm = 1 5 cm
2 m 5 7 cm + 5 m 7 8 cm = 8 m 3 5 cm

b) 2 m 46 cm + 6 m 71 cm

2 m 4 6 cm + 6 m 7 1 cm = 9 m 1 7 cm
2 m + 6 m = 8 m
4 6 cm + 7 1 cm = 1 m 1 7 cm

2 4 6 cm + 6 7 1 cm = 9 1 7 cm
2 0 0 cm + 6 0 0 cm = 8 0 0 cm
4 0 cm + 7 0 cm = 1 1 0 cm
6 cm + 1 cm = 7 cm
2 m 4 6 cm + 6 m 7 1 cm = 9 m 1 7 cm

2 Rechne die Aufgabe 465 cm + 3 m 29 cm.*

4 6 5 cm + 3 2 9 cm = 7 9 4 cm
4 0 0 cm + 3 0 0 cm = 7 0 0 cm
6 0 cm + 2 0 cm = 8 0 cm
5 cm + 9 cm = 1 4 cm
4 6 5 cm + 3 m 2 9 cm = 7 9 4 cm = 7 m 9 4 cm

* Rechnung auch nach Umrechnung in m und cm möglich.

1 Subtrahiere.

9 m 6 cm – 7 m 39 cm

9 0 6 cm – 7 3 9 cm = 1 6 7 cm
9 0 6 cm – 7 0 0 cm = 2 0 6 cm
2 0 6 cm – 3 0 cm = 1 7 6 cm
1 7 6 cm – 9 cm = 1 6 7 cm
9 m 6 cm – 7 m 3 9 cm = 1 m 6 7 cm

2 Ella und Mira sind beim Weitsprung zusammen 6 m 47 cm gesprungen.
Ella ist 2 m 98 cm gesprungen. Wie weit ist Mira gesprungen?

6 4 7 cm – 2 9 8 cm = 3 4 9 cm = 3 m 4 9 cm
6 4 7 cm – 2 0 0 cm = 4 4 7 cm
4 4 7 cm – 9 0 cm = 3 5 7 cm
3 5 7 cm – 8 cm = 3 4 9 cm

Mira ist *3 m 49 cm* gesprungen.

3 Luisa hat beim Weitsprung 278 cm geschafft. Max ist 3 m und 17 cm weit gesprungen. Wie viele Zentimeter ist Max weiter gesprungen als Luisa?

2 m 7 8 cm —(+ 2 cm)→ 2 m 8 0 cm —(+ 2 0 cm)→ 3 m —(+ 1 7 cm)→ 3 m 1 7 cm
2 cm + 2 0 cm + 1 7 cm = 3 9 cm

Max ist *39* cm weiter gesprungen als Luisa.

1 Um wie viel Uhr könnte es sein? Verbinde.

2 Schreibe zu jeder Uhr beide Uhrzeiten auf.

a) *8 Uhr* *20 Uhr*
b) *5 Uhr* *17 Uhr*
c) *2 Uhr* *14 Uhr*

3 Merles Geburtstagsfeier beginnt um 15 Uhr. Um 19 Uhr sollen alle Kinder von ihren Eltern wieder abgeholt werden. Wie lange dauert Merles Geburtstagsfeier?

1 5 Uhr —(+ 4 h)→ 1 9 Uhr

Merles Geburtstagsfeier dauert *4* Stunden.

4 Jonas fährt mit seinem Judoverein zu einem Wettkampf. Der Bus fährt um 14 Uhr los. Nach vier Stunden sind sie wieder zurück. Um wie viel Uhr kommt Jonas zurück?

1 4 Uhr —(+ 4 h)→ 1 8 Uhr

Jonas kommt um *18* Uhr wieder zurück.

eine Stunde 60 min = 1 h	eine halbe Stunde 30 min = $\frac{1}{2}$ h	eine Viertelstunde 15 min = $\frac{1}{4}$ h	eine Dreiviertelstunde 45 min = $\frac{3}{4}$ h

1 Wie lange dauert es ungefähr? Verbinde.

eine Schulstunde	3 min
Zähne putzen	eine halbe Stunde
ein Schultag	20 min
Blockflötenunterricht	10 min
ein Eis essen	eine Dreiviertelstunde
Einkauf im Supermarkt	315 min

2 Wie viele Minuten sind es? Rechne um.

a)
$2\frac{1}{2}$ h = 150 min
$1\frac{3}{4}$ h = 105 min
6 h = 360 min
$4\frac{1}{4}$ h = 255 min

b)
5 h = 300 min
$1\frac{1}{4}$ h = 75 min
2 h = 120 min
$3\frac{1}{2}$ h = 210 min

3 Wie viele Stunden sind es? Rechne um.

a)
90 min = $1\frac{1}{2}$ h
180 min = 3 h
165 min = $2\frac{3}{4}$ h
135 min = $2\frac{1}{4}$ h

b)
120 min = 2 h
270 min = $4\frac{1}{2}$ h
225 min = $3\frac{3}{4}$ h
315 min = $5\frac{1}{4}$ h

08:22
8 Uhr und 22 Minuten
20:22
20 Uhr und 22 Minuten

4 Wie viel Uhr ist es? Schreibe immer beide Uhrzeiten auf.

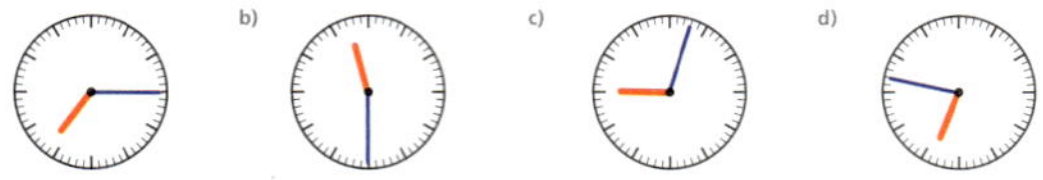

a)	b)	c)	d)
07:15	11:30	9:03	6:47
19:15	23:30	21:03	18:47

5 Zeichne immer den großen blauen Minutenzeiger ein.

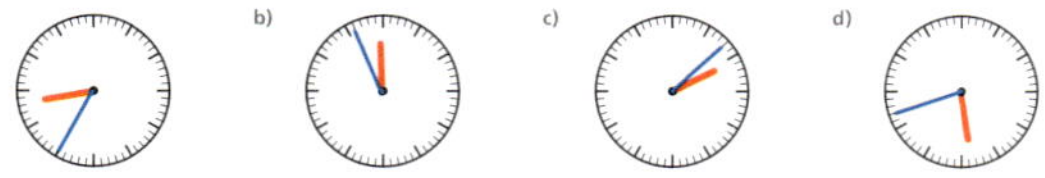

a) 08:35 b) 11:56 c) 02:08 d) 17:42

6 Verbinde mit der passenden Uhr und zeichne immer den kleinen roten Stundenzeiger ein.

12:45 04:04 09:30 18:12

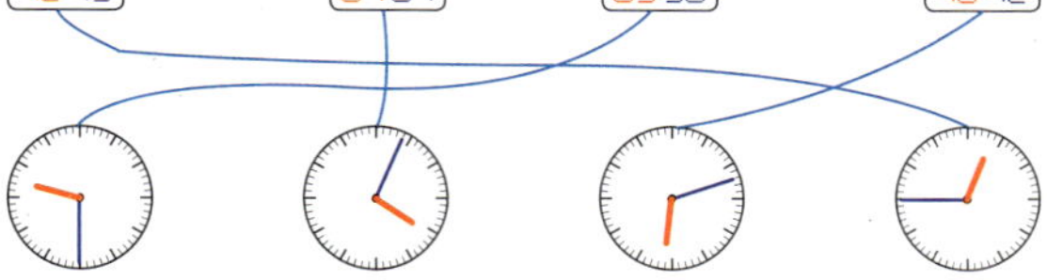

Wie lange dauert es von 15.23 Uhr bis 15.31 Uhr?

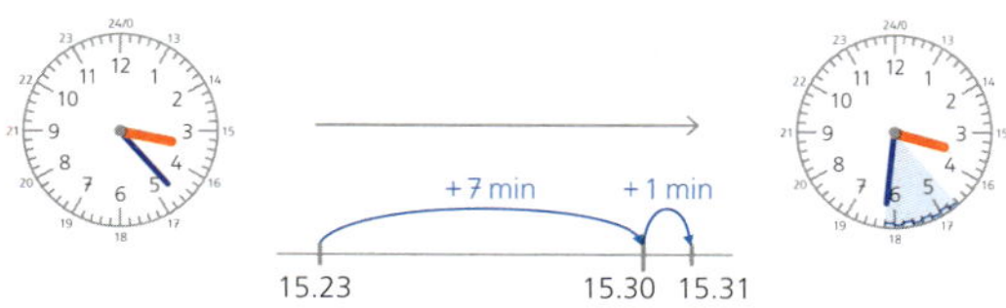

Von 15.23 Uhr bis 15.31 Uhr dauert es 8 Minuten.

1 Wie lange dauert es?

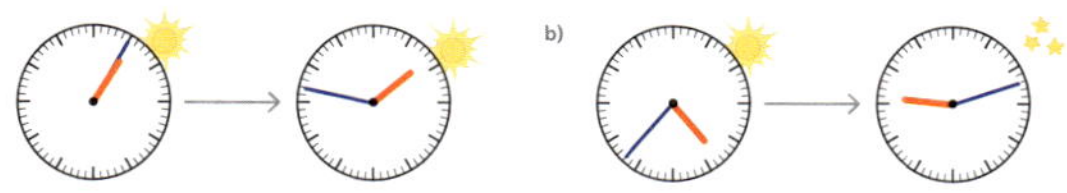

a) Es dauert 0 h und 42 min.

b) Es dauert 4 h und 35 min.

c) 09:58 → 12:31

Es dauert 2 h und 33 min.

d) 22:45 → 05:26

Es dauert 6 h und 41 min.

2 Ergänze die fehlenden Uhrzeiten und Zeitspannen.

Anfang	Dauer	Ende
19.08 Uhr	2 h 10 min	21.18 Uhr
18.49 Uhr	6 h 21 min	1.10 Uhr
15.30 Uhr	1 h 52 min	17.22 Uhr
12.56 Uhr	4 h 8 min	17.04 Uhr
17.39 Uhr	2 h 36 min	20.15 Uhr
7.45 Uhr	3 h 2 min	10.47 Uhr
* 7.00 Uhr	6 h 58 min	13.58 Uhr

* Beispiellösung: Andere Lösungen sind möglich.

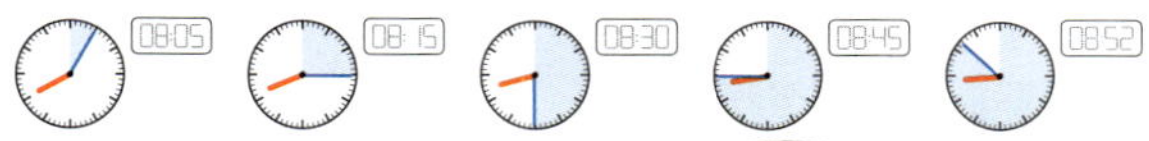

1 Was stimmt? Kreuze an.

a) Viertel nach 10 ☐ | Viertel vor 10 ☒ | Viertel nach halb 10 ☐

b) halb 1 ☐ | halb 14 ☐ | halb 2 ☒

c) Viertel nach 10 ☒ | Viertel nach 11 ☐ | Viertel vor halb 11 ☐

d) 5 vor 3 ☐ | 3 vor 5 ☒ | 57 nach 4 ☐

e) 24 vor halb 3 ☐ | 3 nach 6 ☐ | 6 nach 3 ☒

1 Trage die fehlenden Angaben ein.

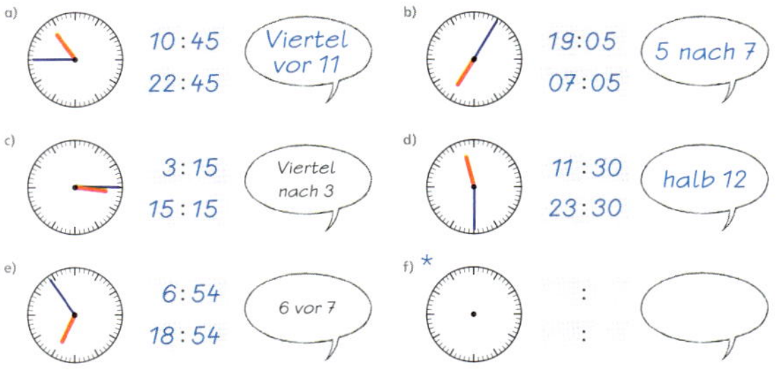

a) 10:45 / 22:45 – Viertel vor 11

b) 19:05 / 07:05 – 5 nach 7

c) 3:15 / 15:15 – Viertel nach 3

d) 11:30 / 23:30 – halb 12

e) 6:54 / 18:54 – 6 vor 7

f) * __:__ / __:__

2 Kreuze die richtige Antwort an.

Tom und Annika sind um 15 Uhr auf dem Spielplatz verabredet.

a) Tom geht um Viertel vor 3 los. Er braucht nur 10 min bis zum Spielplatz. Wann kommt Tom am Spielplatz an?

- [x] Tom kommt um 5 vor 3 an.
- [ ] Tom kommt um 5 nach 3 an.

b) Annika geht um 5 nach halb 3 los. Normalerweise braucht sie 35 min. Sie trödelt und kommt erst um Viertel nach 3 an. Wie lange hat Annika gebraucht?

- [ ] Annika hat eine Dreiviertelstunde gebraucht.
- [x] Annika hat 40 min gebraucht.

c) Wie lange muss Tom auf Annika warten?

- [ ] Tom muss über eine Dreiviertelstunde auf Annika warten.
- [x] Tom muss weniger als eine halbe Stunde auf Annika warten.

1 Vergleiche die Flächengröße der Figuren. *

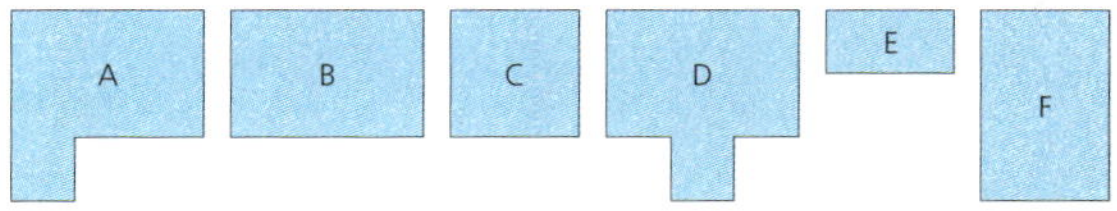

A ist größer als B — F ist kleiner als D — B ist größer als E

D ist größer als C — C ist größer als E — E ist kleiner als B

B ist genau so groß wie F — A ist genau so groß wie D

2 Vergleiche die Flächengröße der Figuren. Lege erst die eine Figur aus und lege dann die gleichen Steckwürfel-Kärtchen in die andere Figur. Setze >, < oder = ein.

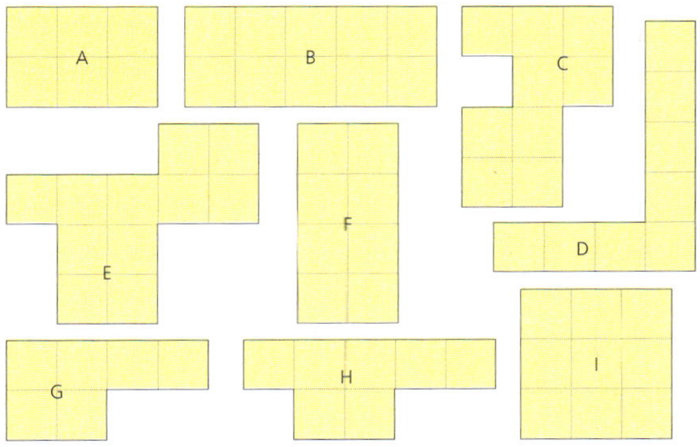

A < B	H > A	G = A
C = I	C < E	C < B
F > G	D = F	E > D

* Die Lösung ist individuell.

* Beispiellösung: Andere Lösungen sind möglich.

1 Wie viele Steckwürfel passen in die Figuren? Lege aus.

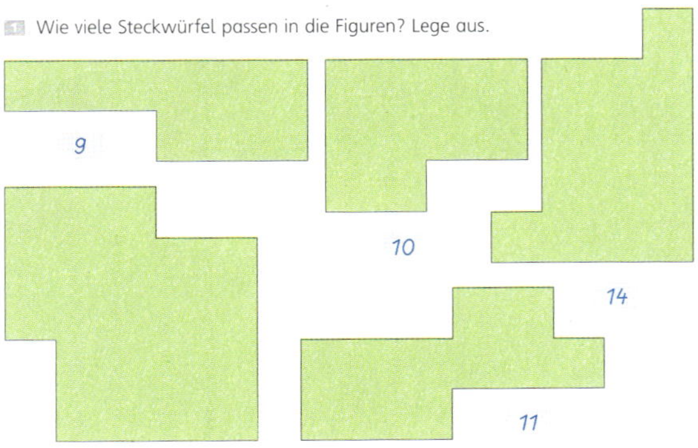

2 Ordne die Figuren nach ihrer Flächengröße. Beginne mit der Figur, die die kleinste Flächengröße hat.

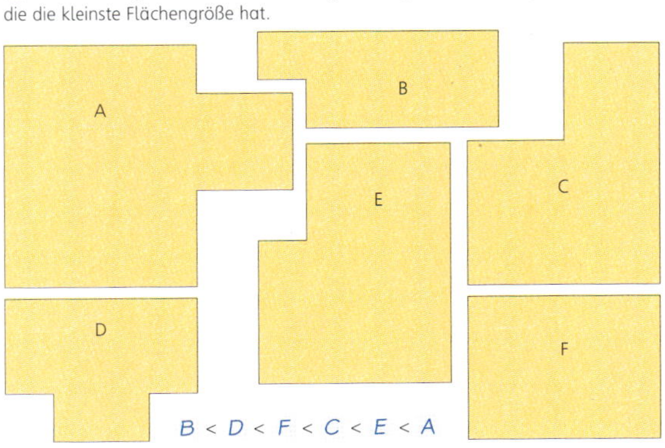

B < D < F < C < E < A

1 Richtig oder falsch? Kreuze an.

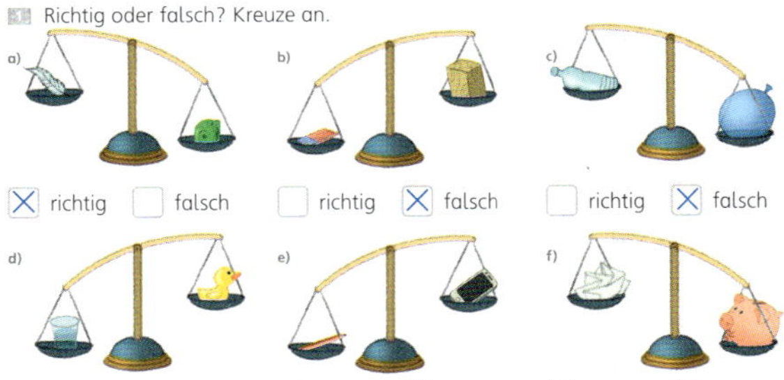

a) [x] richtig [ ] falsch

b) [ ] richtig [x] falsch

c) [ ] richtig [x] falsch

d) [x] richtig [ ] falsch

e) [ ] richtig [x] falsch

f) [x] richtig [ ] falsch

2 Was passt? Kreuze an. Insgesamt musst du 4 Gegenstände ankreuzen.

a) ist leichter als: [ ] [x] [ ]

b) ist schwerer als: [x] [x] [ ]

c) wiegt ungefähr so viel wie: [ ] [ ] [x]

Das Übungsheft Größen Mathematik 3/4 – Lösungen (Seite 22–25)

1 Bau dir eine Kleiderbügelwaage. Du brauchst:

- einen Kleiderbügel
- 2 große, leere, saubere Joghurtbecher
- Kordel
- Schere

2 Vergleiche das Gewicht verschiedener Gegenstände mit deiner Kleiderbügelwaage. Trage deine Ergebnisse in die Tabelle ein. *

Gegenstand	ist schwerer/leichter als oder wiegt genau so viel wie	Gegenstand
ein Steckwürfel	ist leichter als	ein Füller

3 Ordne die Gegenstände nach ihrem Gewicht. Beginne mit dem schwersten Gegenstand. Benutze deine Kleiderbügelwaage. **

Taschenrechner 1	Tischtennisball 7	Spielwürfel 6	
eine 1-€-Münze 5	Schere 3	Textmarker 4	Klebestift 2

4 Welches Stofftier ist am schwersten? Welches ist am leichtesten?

Das Schwein ist am schwersten. Der Elefant ist am leichtesten.

* Die Lösung ist individuell.

** Beispiellösung: Die Reihenfolge kann eventuell variieren.

1 Fabian hat verschiedene Gegenstände mit dem Radiergummi und der Schere verglichen.

Vergleich mit dem Radiergummi:

schwerer	leichter
Lineal	Büroklammer
Füller	Filzstift
Handy	Spitzer

Vergleich mit der Schere:

schwerer	leichter
Handy	Lineal
Locher	Füller
Mäppchen	Spitzer

Setze die Wörter mehr, weniger, leichter oder schwerer ein.

a) Die Büroklammer wiegt weniger als der Radiergummi.

b) Der Locher ist schwerer als die Schere.

c) Der Füller wiegt mehr als der Spitzer.

d) Das Lineal ist leichter als das Handy.

e) Der Radiergummi wiegt weniger als die Schere.

f) Das Mäppchen ist schwerer als der Filzstift.

2 Vergleiche die Gewichte der Steckwürfelgebäude. Setze >, < oder = ein.

Gewicht von A > Gewicht von B

Gewicht von B = Gewicht von C

Gewicht von D < Gewicht von E

Gewicht von E > Gewicht von C

Gewicht von F < Gewicht von D

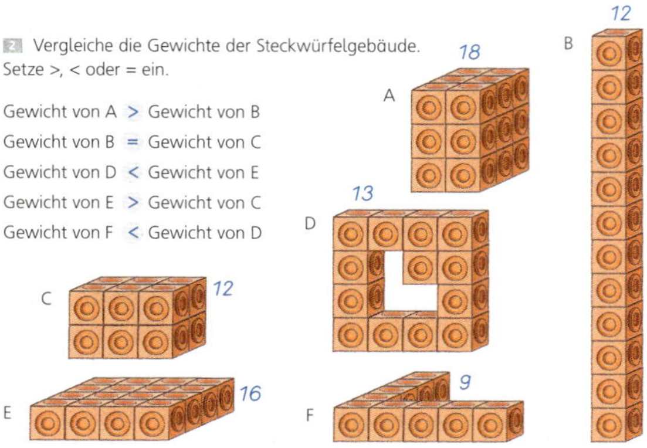

1 Wiege verschiedene Gegenstände mit deiner Kleiderbügelwaage. Benutze einheitliche Hilfsmittel wie zum Beispiel gleiche Holzklötze, Steckwürfel, Kastanien oder Ähnliches. Trage deine Ergebnisse in die Tabelle ein. *

Gegenstand	gewogen mit	gewogen mit

2 Zeichne die passende Anzahl Steckwürfel in die letzte Waagschale. Die Waage soll immer im Gleichgewicht stehen.

* Die Lösung ist individuell.

1 Richtig oder falsch? Kreuze an.

	fasst mehr als		☐ richtig	☒ falsch
	fasst genauso viel wie		☒ richtig	☐ falsch
	fasst weniger als		☐ richtig	☒ falsch
	fasst genauso viel wie		☐ richtig	☒ falsch
	fasst mehr als		☒ richtig	☐ falsch
	fasst weniger als		☒ richtig	☐ falsch
	fasst genauso viel wie		☐ richtig	☒ falsch

1 Was passt zusammen? Verbinde.

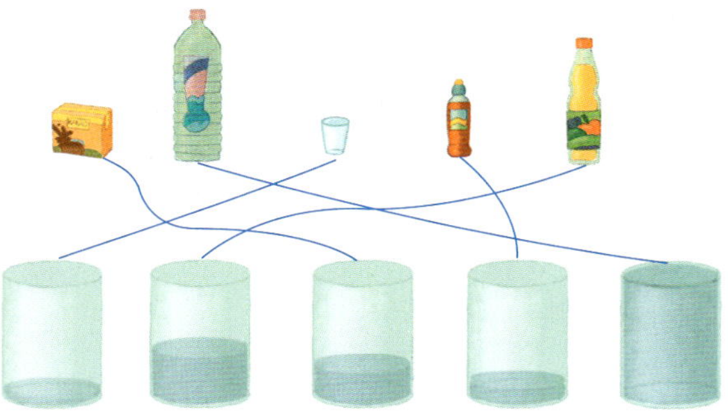

2 Führe eigene Umfüllexperimente durch und vergleiche die Wasserstände im Eimer.

Du brauchst dafür
- einen großen Eimer (10 l)
- leere Gefäße in unterschiedlichen Größen: z. B. Gläser, Joghurtbecher, Flaschen, Tassen
- Wasser
- einen Stift, um den Wasserstand im Eimer zu markieren

3 Wähle drei unterschiedliche Gefäße aus. Trage in die Tabelle ein, wie viele Joghurtbecher mit Wasser in deine Gefäße passen. *

Anzahl der Joghurtbecher			

* Die Lösung ist individuell.

1 Trage die Geldbeträge auf den Kärtchen in die Tabelle ein.

~~3 € 49 ct~~ ~~46,78 €~~ ~~12 € 2 ct~~ ~~5 Cent~~ ~~168,85 €~~ ~~99 Euro~~ ~~74 ct~~ ~~306,05 €~~ ~~73 € 67 ct~~ ~~0,99 €~~

Preis in € und ct	100 €	10 €	1 €	10 ct	1 ct	Preis mit Komma
3 € 49 ct			3	4	9	3,49 €
46 € 78 ct		4	6	7	8	46,78 €
12 € 2 ct		1	2	0	2	12,02 €
168 € 85 ct	1	6	8	8	5	168,85 €
5 ct			0	0	5	0,05 €
99 €		9	9	0	0	99,00 €
73 € 67 ct		7	3	6	7	73,67 €
74 ct			0	7	4	0,74 €
99 ct			0	9	9	0,99 €
306 € 5 ct	3	0	6	0	5	306,05 €

2 Trage die fehlenden Angaben ein.

a)
456 ct = 4 € 56 ct = 4,56 €
32 ct = 0 € 32 ct = 0,32 €
708 ct = 7 € 8 ct = 7,08 €

b)
2 ct = 0 € 2 ct = 0,02 €
999 ct = 9 € 99 ct = 9,99 €
896 ct = 8 € 96 ct = 8,96 €

3 Ordne der Größe nach. Beginne mit dem niedrigsten Preis.

~~786 €~~	780 ct
~~7,86 €~~	7,86 €
~~780 ct~~	78,60 €
~~78,60 €~~	78 € 68 ct
~~78 € 68 ct~~	786 €

6,78 € + 2,49 €

678 ct + 249 ct = 927 ct
600 ct + 200 ct = 800 ct
70 ct + 40 ct = 110 ct
8 ct + 9 ct = 17 ct
6,78 € + 2,49 € = 9,27 €

6,78 €
+ 2,49 €
9,27 €

1 Rechne zuerst wie Lina und dann wie Ben. 4,69 € + 2,78 €

469 ct + 278 ct = 747 ct
400 ct + 200 ct = 600 ct
60 ct + 70 ct = 130 ct
9 ct + 8 ct = 17 ct
4,69 € + 2,78 € = 7,47 €

4,69 € + 2,78 € = 7,47 €

2 Addiere schriftlich.

3,99 € + 1,58 €	1,06 € + 4,29 €	2,70 € + 5,64 €	1,99 € + 7,33 €
3,99 € + 1,58 € = 5,57 €	1,06 € + 4,29 € = 5,35 €	2,70 € + 5,64 € = 8,34 €	1,99 € + 7,33 € = 9,32 €

3 Addiere schriftlich. Wandle zuerst um, wenn nötig.

5,68 € + 340 ct	304 ct + 502 ct	8,75 € + 0,99 €	200 ct + 6,04 €
3 ct + 7,89 €	4,55 € + 69 ct	2,88 € + 1,26 €	1,09 € + 109 ct

5,68 € + 3,40 € = 9,08 €	3,04 € + 5,02 € = 8,06 €	8,75 € + 0,99 € = 9,74 €	2,00 € + 6,04 € = 8,04 €
0,03 € + 7,89 € = 7,92 €	4,55 € + 0,69 € = 5,24 €	2,88 € + 1,26 € = 4,14 €	1,09 € + 1,09 € = 2,18 €

1 Luisa kauft sich einen Zirkel für 11,99 € und einen Radiergummi für 1,84 €.

Wie viel muss sie insgesamt bezahlen?

11,99 €
+ 1,84 €
13,83 €

Luisa muss insgesamt 13,83 € bezahlen.

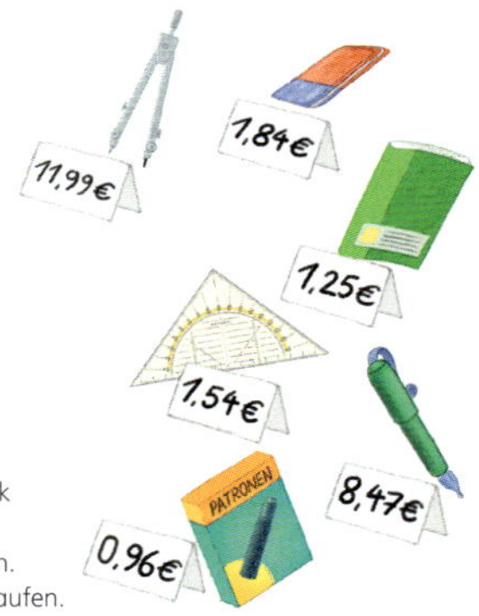

2 Jakob soll für seinen Bruder ein Geodreieck und ein Schreibheft mitbringen. Seine Mutter hat ihm dafür einen 5-Euro-Schein mitgegeben. Davon soll er sich auch noch einen Radierer kaufen.

Reicht das Geld dafür aus?
Rechne zuerst mit gerundeten Beträgen.

* Überschlag:
1,00 €
1,50 €
+ 2,00 €
4,50 €

genaue Rechnung:
1,54 €
1,25 €
+ 1,84 €
4,63 €

A: Das Geld reicht dafür aus.

3 Marit kauft einen Füller und passend dazu ein Päckchen Patronen. Sie bezahlt mit einem 20-Euro-Schein.

Wie viel Geld bekommt sie zurück? **

8,47 €
+ 0,96 €
9,43 €

9,43 € —(+ 7 ct)→ 9,50 € —(+ 50 ct)→ 10 € —(+ 10 €)→ 20 €

Marit bekommt 10,57 € zurück.

* Andere Überschläge sind möglich.
** Andere Lösungswege sind möglich.

1 Trage die Längen auf den Kärtchen in die Tabelle ein.

~~3 m 49 cm~~ ~~46,78 m~~ ~~12 m 2 cm~~ ~~5 Zentimeter~~ ~~99 Meter~~ ~~168,85 m~~ ~~74 cm~~ ~~306,05 m~~ ~~73 m 67 cm~~ ~~0,99 m~~

Länge in m und cm	100 m	10 m	1 m	10 cm	1 cm	Länge mit Komma
3 m 49 cm			3	4	9	3,49 m
46 m 78 cm		4	6	7	8	46,78 m
12 m 2 cm		1	2	0	2	12,02 m
168 m 85 cm	1	6	8	8	5	168,85 m
5 cm			0	0	5	0,05 m
99 m		9	9	0	0	99,00 m
74 cm			0	7	4	0,74 m
73 m 67 cm		7	3	6	7	73,67 m
99 cm			0	9	9	0,99 m
306 m 5 cm	3	0	6	0	5	306,05 m

2 Trage die fehlenden Angaben ein.

a) 356 cm = 3 m 56 cm = *3,56 m*
72 cm = *0 m 72 cm* = 0,72 m
808 cm = 8 m 8 cm = 8,08 m

b) 47 cm = 0 m 47 cm = *0,47 m*
299 cm = *2 m 99 cm* = 2,99 m
896 cm = 8 m 96 cm = 8,96 m

3 Ordne der Größe nach. Beginne mit der kleinsten Länge.

~~543 m~~	*543 cm*
~~5,44 m~~	*5,44 m*
~~543 cm~~	*53 m 43 cm*
~~54,3 m~~	*54,3 m*
~~53 m 43 cm~~	*543 m*

6,78 m + 2,49 m
6,78 m + 2,49 m = 9,27 m

6,78 € + 2,49 €
6,78 € + 2,49 € = 9,27 €

1 Rechne schriftlich. Beachte das Rechenzeichen.

3,99 m + 1,58 m = *5,57 m*
1,06 m + 4,29 m = *5,35 m*
5,64 m − 2,70 m = *2,94 m*
8,24 m − 6,38 m = *1,86 m*

2 Rechne schriftlich. Wandle zuerst um, wenn nötig.

5,68 m + 340 cm: *5,68 m + 3,40 m = 9,08 m*
304 cm + 502 cm = *806 cm*
8,75 m − 0,99 m = *7,76 m*
800 cm − 6,04 m: *8,00 m − 6,04 m = 1,96 m*
30 cm + 7,89 m: *0,30 m + 7,89 m = 8,19 m*
4,55 m + 9 cm: *4,55 m + 0,09 m = 4,64 m*
2,88 m − 1,26 m = *1,62 m*
1,09 m − 108 cm: *1,09 m − 1,08 m = 0,01 m*

3 Leo springt beim Weitsprung 2,84 m. Maja springt noch 48 cm weiter. Wie weit ist Maja gesprungen?

2,84 m + 0,48 m = 3,32 m

Maja ist *3,32 m* gesprungen.

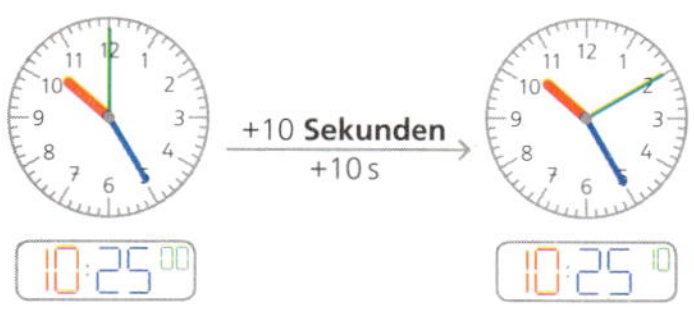

1 Miss mit einer Stoppuhr. Wie viele Sekunden brauchst du? *

Tätigkeit	Sekunden
bis 10 zählen	
das Alphabet aufsagen	
von 30 aus rückwärts bis Null zählen	
deinen Namen in Spiegelschrift schreiben	

2 Wie lange dauert es? Setze Stunden, Minuten oder Sekunden ein.

10 *Sekunden*

11 *Stunden*

3 *Minuten*

5 *Stunden*

30 *Minuten*

30 *Sekunden*

3 Wie viele Sekunden hat es gedauert?

a) 12:59 55 → 13:00 10 *15 s*

b) 07:15 11 → 07:15 37 *26 s*

* Die Lösung ist individuell.

1 Stoppe mit einer Stoppuhr, ohne auf die Uhr zu schauen. Drücke auf Stopp, wenn du das Gefühl hast, dass die vorgegebene Zeit vorbei ist. Trage deine Werte in die Tabelle ein. *

Zeitdauer		so habe ich gestoppt
10 Sekunden	**00:10,** 0 0	*00:*
20 Sekunden	**00:20,** 0 0	
5 Sekunden	**00:05,** 0 0	
30 Sekunden	**00:30,** 0 0	
1 Minute	**01:00,** 0 0	

2 Wie viele Sekunden sind es?

a) 2 min = *120 s*
1 min 16 s = *76 s*
4 min 8 s = *248 s*

b) $2\frac{1}{2}$ min = *150 s*
$6\frac{3}{4}$ min = *405 s*
1 min 15 s = *75 s*

60 Sekunden = 1 Minute
60 s = 1 min
30 s = $\frac{1}{2}$ min
15 s = $\frac{1}{4}$ min
45 s = $\frac{3}{4}$ min

3 Wie viele Minuten und Sekunden sind es?

a) 124 s = *2 min 4 s*
68 s = *1 min 8 s*
187 s = *3 min 7 s*

b) 76 s = *1 min 16 s*
30 s = *$\frac{1}{2}$ min*
61 s = *1 min 1 s*

c) 45 s = *$\frac{3}{4}$ min*
75 s = *$1\frac{1}{4}$ min*
88 s = *1 min 28 s*

4

a) Luisa hat im 2. Schuljahr für den 400-Meter-Lauf 3 min 13 s gebraucht. Im 3. Schuljahr brauchte sie nur noch 2 min 38 s. Um wie viele Sekunden hat sie sich verbessert?

2 min 38 s —(+22 s)→ 3 min —(+13 s)→ 3 min 13 s

Sie hat sich um *35* Sekunden verbessert.

b) Felix ist im 2. Schuljahr 2 min 46 s gelaufen. Im 3. Schuljahr war er 19 s schneller. Wie lange hat Felix im 3. Schuljahr gebraucht?

2 min 46 s —(−10 s)→ 2 min 36 s —(−9 s)→ 2 min 27 s

Felix hat im 3. Schuljahr *147* s gebraucht.

* Lösungen sind individuell

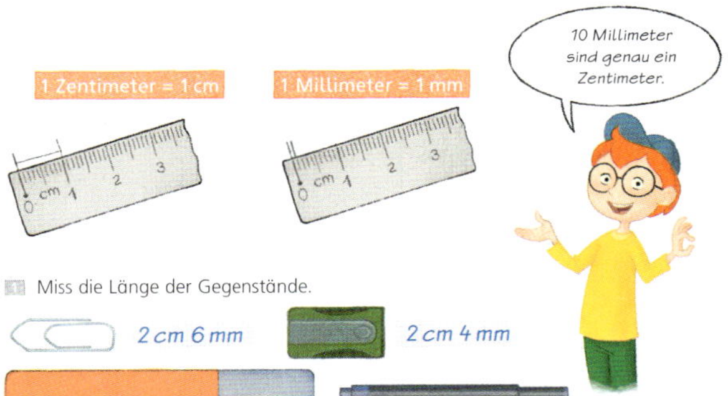

1 Miss die Länge der Gegenstände.

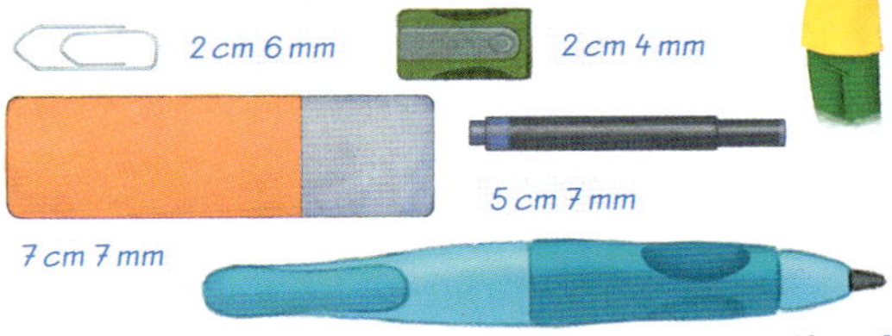

2 cm 6 mm · 2 cm 4 mm · 5 cm 7 mm · 7 cm 7 mm · 12 cm 3 mm

2 Immer zwei Kreise haben von Mittelpunkt zu Mittelpunkt genau einen Abstand von 3 cm 6 mm. Male diese Kreise immer in der gleichen Farbe an.

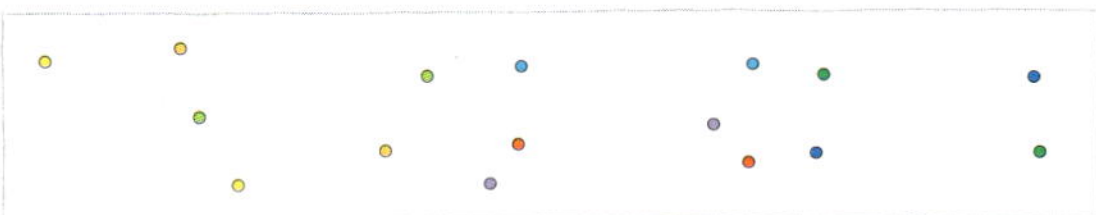

3 Wandle um.

a)
13 cm 7 mm = 137 mm
8 cm 5 mm = 85 mm
0 cm 4 mm = 4 mm

b)
27 cm 6 mm = 276 mm
45 cm 1 mm = 451 mm
1 cm 9 mm = 19 mm

4 Zeichne eine Strecke, die 6 cm 8 mm lang ist.

6 cm 8 mm

1 Was passt zusammen? Verbinde.

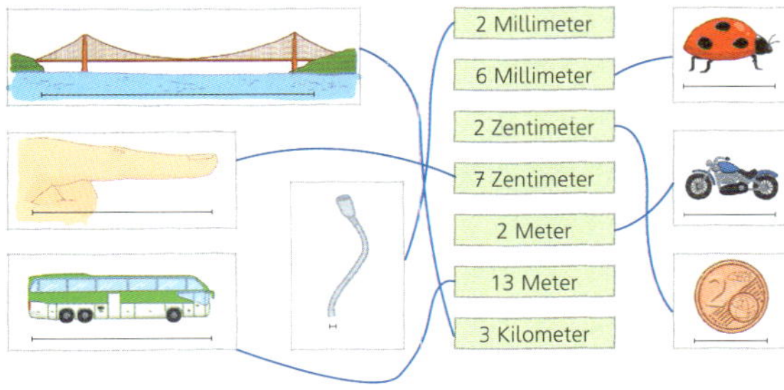

2 Rechne.

a) Ein Auto ist 5 m lang.
Wie viele Autos sind zusammen 1 km lang?
200 Autos sind zusammen 1 km lang.

b) Der Schulhof hat einen Umfang von insgesamt 200 m.
Wie viele Runden muss Lena am Rand des Schulhofs laufen, um auf 1 km zu kommen?
Lena muss 5 Runden laufen.

3 Wandle um.

a)
13 km 745 m = 13 745 m
4 km 500 m = 4500 m
8 km 62 m = 8062 m

b)
1 km 9 m = 1009 m
32 km 222 m = 32 222 m
3 km 74 m = 3074 m

Hier siehst du einen Plan von Lenas Klassenraum. Der Maßstab ist 1 : 100. Das heißt, dass 1 cm im Bild 100 cm in der Wirklichkeit entspricht.

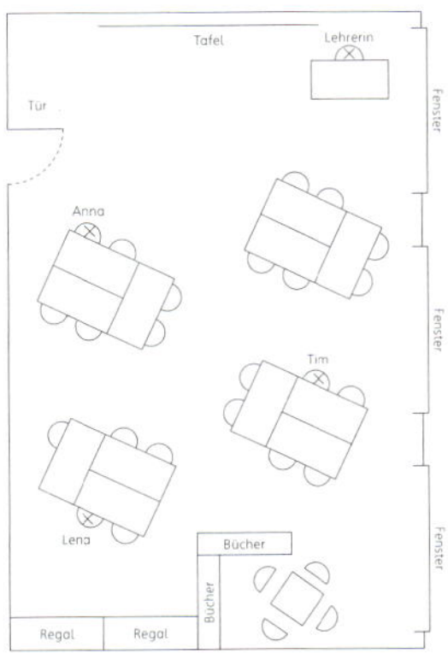

1 Ergänze die fehlenden Werte in der Tabelle.

im Bild	in der Wirklichkeit
1 cm	100 cm = 1 m
2 cm	2 m
4 cm	4 m
1 mm	100 mm = 10 cm
2 mm	20 cm
7 mm	70 cm
2 cm 4 mm	2 m 40 cm
7 cm 3 mm	7 m 30 cm

2 Miss die Längen im Bild. Schreibe auch auf, wie groß die Längen in der Wirklichkeit sind.

	im Bild	in der Wirklichkeit
Abstand von Anna zur Lehrerin	5 cm 7 mm	5 m 70 cm
Abstand von Lena zu Tim	4 cm 9 mm	4 m 90 cm
Länge des Klassenraums	11 cm 5 mm	11 m 50 cm
Länge aller Fenster zusammen	9 cm	9 m

3 Von einer Ecke des Klassenraums soll eine Girlande quer durch den ganzen Raum aufgehängt werden.

F: Wie lang ist die Girlande ungefähr?

A: Die Girlande ist ungefähr 13 m 70 cm lang.

4 Auch bei Landkarten wird ein Maßstab angegeben. Fülle die Tabelle aus.

Maßstab	auf der Karte	in der Wirklichkeit
1 : 1 000	1 cm	1 000 cm = 10 m
1 : 10 000	1 cm	10 000 cm = 100 m
1 : 100 000	1 cm	100 000 cm = 1000 m = 1 km
1 : 1 000 000	1 cm	1 000 000 cm = 10 km

5 Diese Landkarte hat einen Maßstab von 1 : 50 000.

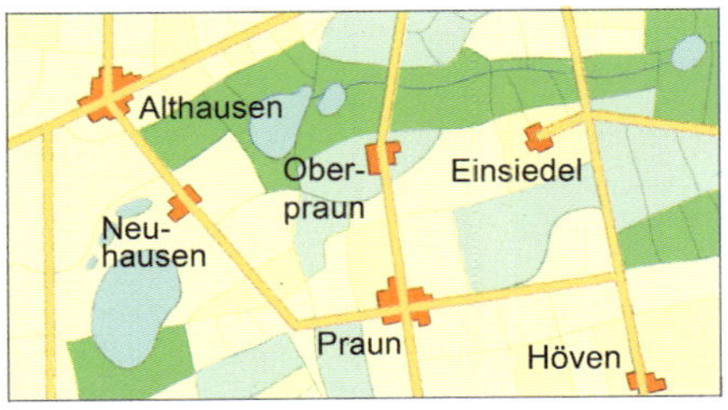

1 cm auf der Karte entspricht 500 m in der Wirklichkeit.

a) Fülle die Tabelle aus.

auf der Karte	in der Wirklichkeit
1 cm	500 m
2 cm	1 km
8 cm	4 km
9 cm	4 km 500 m

b) Florian wohnt in Einsiedel. Er besucht die Grundschule in Praun.
Miss Florians Schulweg nach und rechne aus, wie lang dieser ist.

A: Florians Schulweg ist 4 km lang.

c) Marie fährt zweimal in der Woche von Neuhausen nach Höven zum Reiten.
Wie viele Kilometer legt sie dafür in der Woche zurück?

A: Sie legt in der Woche 22 km zurück.

Das Übungsheft Größen Mathematik 3/4 – Lösungen (Seite 38–41)

1 Wie viele Zentimeterquadrate passen in die Formen? Lege aus.

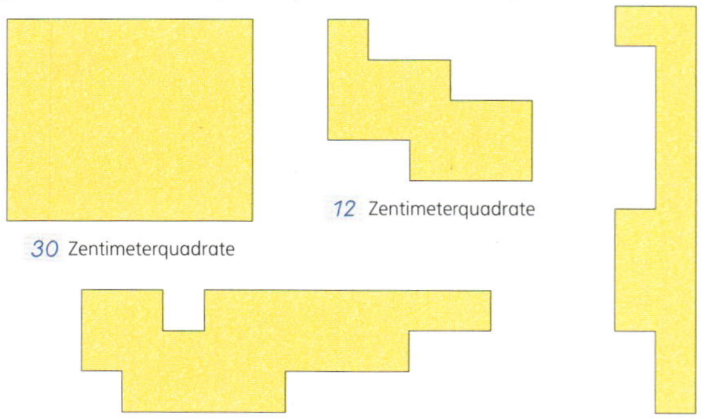

30 Zentimeterquadrate

12 Zentimeterquadrate

21 Zentimeterquadrate

14 Zentimeterquadrate

2 Wie viele Zentimeterquadrate passen in die Formen? Zeichne ein.

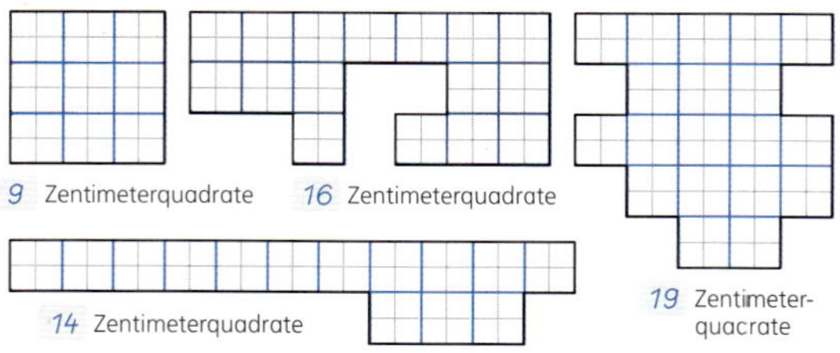

9 Zentimeterquadrate

16 Zentimeterquadrate

14 Zentimeterquadrate

19 Zentimeterquadrate

1 Lege zu jedem Flächeninhalt drei verschiedene Formen. Zeichne deine Formen. *

a) 4 Zentimeterquadrate

b) 9 Zentimeterquadrate

c) 12 Zentimeterquadrate

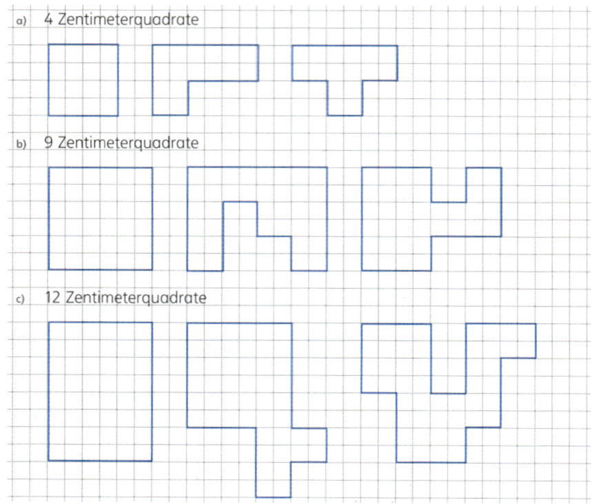

2 Lege die Formen aus und ordne sie nach ihrer Flächengröße. Beginne mit der größten Fläche.

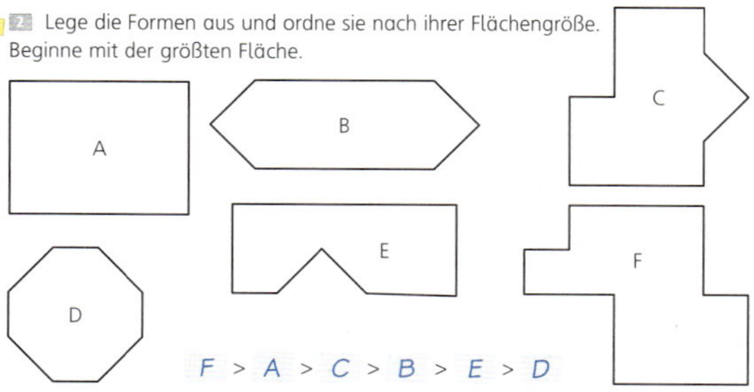

F > A > C > B > E > D

* Beispiellösung: Andere Formen sind möglich.

1 a) Zeichne die Rechtecke in der vorgegebenen Größe. Lege sie mit den Zentimeterquadraten aus und fülle die Tabelle aus.

Rechteck	Länge	Breite	Fläche in Zentimeterquadraten
A	3 cm	2 cm	6
B	4 cm	1 cm	4
C	2 cm	6 cm	12
D	5 cm	2 cm	10

*

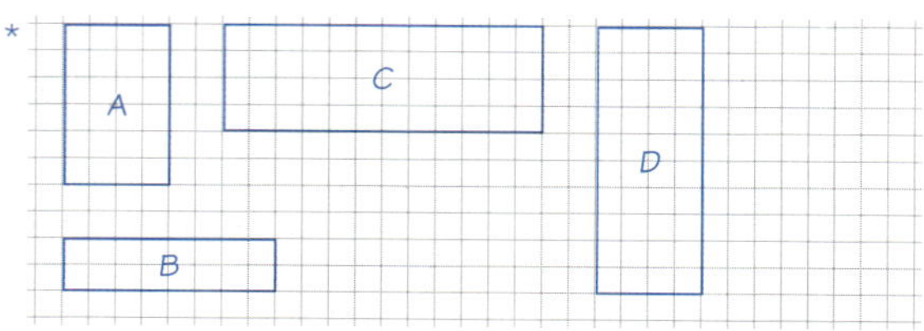

b) Vergleiche die Längen und Breiten der Rechtecke mit der Anzahl der jeweiligen Zentimeterquadrate. Was fällt dir auf?

Wenn man Länge mal Breite rechnet, erhält man die Anzahl der Zentimeterquadrate.

2 Jonas hat ein Rechteck mit einer Länge von 12 cm und einer Breite von 5 cm gezeichnet. Wie viele Zentimeterquadrate passen in sein Rechteck? Rechne.

Es passen 60 Zentimeterquadrate in Jonas Rechteck.

3 Unterteile die Formen in Rechtecke und finde heraus, wie viele Zentimeterquadrate (Z) in die Formen passen. Rechne aus.

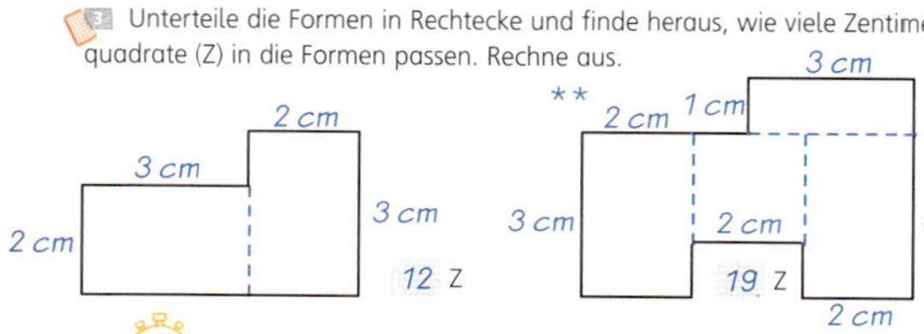

12 Z

19 Z

* Andere Ausrichtungen sind möglich.
** Andere Aufteilungen sind möglich.

Meterquadrat

Das Meterquadrat im Grundriss

1 Hier siehst du den Grundriss einer Wohnung im Maßstab 1 : 100.

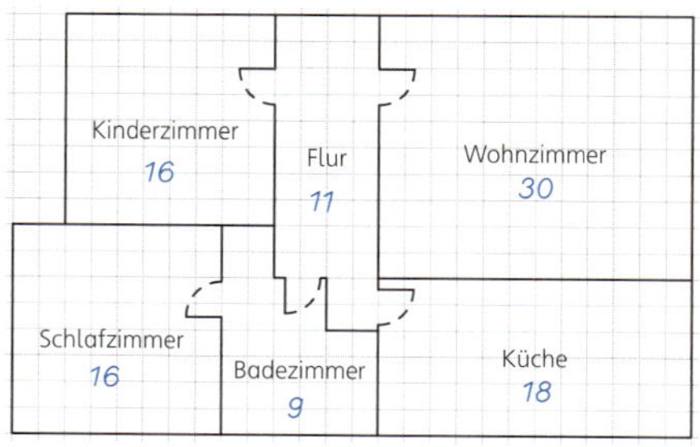

1 : 100 bedeutet: 1 cm im Bild entspricht 100 cm in der Wirklichkeit.

a) Wie viele Meterquadrate ist das Wohnzimmer groß?
Das Wohnzimmer ist 30 Meterquadrate groß.

b) Wie viele Meterquadrate ist die Küche groß?
Die Küche ist 18 Meterquadrate groß.

c) Welcher Raum ist größer: der Flur oder das Badezimmer?
Der Flur ist größer als *das Badezimmer*.

d) Welche beiden Räume sind gleich groß?
Das Kinderzimmer und *das Schlafzimmer* sind gleich groß.

e) Wie viele Meterquadrate ist die Wohnung insgesamt groß?
Die Wohnung ist insgesamt 100 Meterquadrate groß.

1 Wie viel wiegt es?

1 kg 250 g | 240 g | 360 g

336 g | 780 g | 457 g

2 Wie viel wiegt das Obst?

1 kg 350 g | 1 kg 900 g | 1 kg 460 g

3 Wie viel wiegt ein Apfel?

560 g : 5 = 112 g
500 g : 5 = 100 g
60 g : 5 = 12 g

Ein Apfel wiegt 112 g .

1 Lege mit den Gewichtsstücken und schreibe auf, wie du gelegt hast.

700 g = 500 g, 200 g
380 g = 200 g, 100 g, 50 g, 20 g, 10 g
1 kg 90 g = 1 kg, 50 g, 20 g, 10 g, 5 g, 2 g, 2 g, 1 g

2 Mit welchen Gewichtsstücken kannst du die Angaben legen? *

	1 kg	500 g	200 g	100 g	50 g	20 g	10 g	5 g	2 g	1 g
350 g	–	–	1	1	1	–	–	–	–	–
450 g	–	–	1	2	1	–	–	–	–	–
803 g	–	1	1	1	–	–	–	–	1	1
1 kg	1	–	–	–	–	–	–	–	–	–
212 g	–	–	–	2	–	–	1	–	1	–
999 g	–	1	1	2	1	1	2	1	1	2
17 g	–	–	–	–	–	–	1	1	1	–
550 g	–	1	–	–	–	1	2	1	2	1
2 kg	1	1	1	2	1	1	2	1	2	1

3 Wandle um.

a) 2 kg 635 g = 2635 g
1 kg 39 g = 1039 g
5 kg 807 g = 5807 g

b) 9 kg 999 g = 9999 g
45 kg 45 g = 45045 g
2 kg 981 g = 2981 g

4 Nele besitzt mehrere Gewichtssätze. Sie hat 370 g mit 8 Gewichtsstücken gelegt.

Welche Gewichtsstücke hat sie benutzt? *

100 g, 100 g, 50 g, 50 g, 50 g, 10 g, 5 g, 5 g

* Andere Stückelungen sind möglich.

Merkgewichte

1 kg | 500 g | 250 g | 100 g | 10 g | 1 g

1 >, < oder = ? Setze ein.

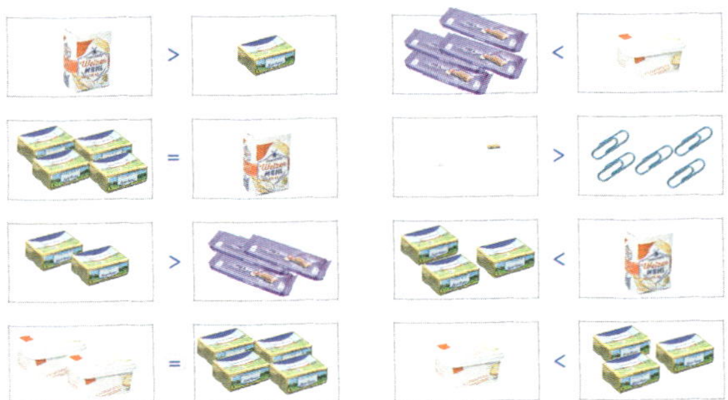

2 Wie viel wiegen die Korbinhalte?

1 kg 600 g | 2 kg 33 g | 4 kg 10 g

3 Ordne nach Gewicht. Beginne mit dem kleinsten Gewicht.

1 2 Büroklammern
2 Briefumschlag
3 Tafel Schokolade
4 Butter
5 Margarine
6 Mehl

1 Wie viel wiegt das Spielzeug?

400 g | 540 g | 180 g

60 g | 850 g | 120 g

2 Ergänze zu einem Kilogramm.

a) 750 g + 250 g = 1 kg
230 g + 770 g = 1 kg
250 g + 750 g = 1 kg
1 g + 999 g = 1 kg

b) 100 g + 900 g = 1 kg
825 g + 175 g = 1 kg
175 g + 825 g = 1 kg
19 g + 981 g = 1 kg

3 Fabian hat herausgefunden, dass 5 Steckwürfel genau 11 g wiegen. Er möchte wissen, wie viele Steckwürfel ungefähr 1 kg wiegen.

5 Stw = 11 g
10 Stw = 22 g
50 Stw = 110 g
100 Stw = 220 g
200 Stw = 440 g
400 Stw = 880 g

455 Steckwürfel wiegen ungefähr 1 kg.

1 Trage die Längen auf den Kärtchen in die Tabelle ein.

~~34 cm 8 mm~~ ~~46,1 cm~~ ~~12 cm 2 mm~~ ~~285 mm~~ ~~0,6 cm~~ ~~479 mm~~ ~~7 Millimeter~~ ~~4 Zentimeter~~ ~~74 cm~~

Länge in cm und mm	10 cm	1 cm	1 mm	Länge mit Komma
34 cm 8 mm	3	4	8	34,8 cm
46 cm 1 mm	4	6	1	46,1 cm
12 cm 2 mm	1	2	2	12,2 cm
28 cm 5 mm	2	8	5	28,5 cm
0 cm 6 mm			6	0,6 cm
47 cm 9 mm	4	7	9	47,9 cm
0 cm 7 mm			7	0,7 cm
4 cm 0 mm		4	0	4,0 cm
74 cm 0 mm	7	4	0	74,0 cm

2 Trage die fehlenden Angaben ein.

a)
256 mm = 25 cm 6 mm = 25,6 cm
2 mm = 0 cm 2 mm = 0,2 cm
131 mm = 13 cm 1 mm = 13,1 cm

b)
84 mm = 8,4 cm
6,6 cm = 66 mm
97 cm = 970 mm

3 Miss die Längen der Strecken und schreibe als Kommazahl.

0,6 cm — 11,4 cm — 7,7 cm — 5,7 cm — 9,0 cm — 3,2 cm

1 Trage die Längen auf den Kärtchen in die Tabelle ein.

~~523 km 249 m~~ ~~46,78 km~~ ~~7,6 km~~ ~~99 Meter~~ ~~168,004 km~~ ~~12 km 8 m~~ ~~306,05 km~~ ~~7 Kilometer~~ ~~73 km 40 m~~ ~~0,582 km~~

Länge in km und m	100 km	10 km	1 km	100 m	10 m	1 m	Länge mit Komma
523 km 249 m	5	2	3	2	4	9	523,249 km
46 km 780 m		4	6	7	8	0	46,780 km
7 km 600 m			7	6	0	0	7,600 km
0 km 99 m			0	0	9	9	0,099 km
168 km 4 m	1	6	8	0	0	4	168,004 km
12 km 8 m		1	2	0	0	8	12,008 km
306 km 50 m	3	0	6	0	5	0	306,050 km
7 km 0 m			7	0	0	0	7,000 km
73 km 40 m		7	3	0	4	0	73,040 km
0 km 582 m			0	5	8	2	0,582 km

2 Trage die fehlenden Angaben ein.

a)
2 378 m = 2 km 378 m = 2,378 km
679 m = 0 km 679 m = 0,679 km
13001 m = 13 km 1 m = 13,001 km

b)
89 m = 0 km 89 m = 0,089 km
4 020 m = 4 km 20 m = 4,02 km
2700 m = 2 km 700 m = 2,7 km

3 Ordne der Größe nach. Beginne mit der kleinsten Länge.

~~5 780 m~~ ~~578,71 km~~ ~~578 km 73 m~~ ~~578 m~~ ~~578,071 km~~

578 m < 5780 m < 578,071 km < 578 km 73 m < 578,71 km

1 Rechne schriftlich.

4,364 km + 12,002 km | 1,06 km + 28,573 km | 17,31 km – 0,438 km

```
   4,364 km      1,060 km     17,310 km
+ 12,002 km   + 28,573 km   –  0,438 km
                   1           1 1 1
  16,366 km     29,633 km     16,872 km
```

2 Rechne schriftlich. Wandle zuerst um, wenn nötig.

34,567 km + 238 m | 3,6 km + 23 578 m | 45,65 km – 3,792 km
3,7 km – 2 098 m | 32,931 km – 1 507 m | 456 km – 38,564 km

```
  34,567 km      3,600 km     45,650 km
+  0,238 km   + 23,578 km   –  3,792 km
      1 1          1            1 1 1
  34,805 km     27,178 km     41,858 km

   3,700 km     32,931 km    456,000 km
–  2,098 km   –  1,507 km   – 38,564 km
     1 1            1          1 1 1 1
   1,602 km     31,424 km    417,436 km
```

3 Familie Gade fährt mit dem Auto nach Würzburg. Sie fahren über Nürnberg nach Würzburg. Nach 168 km kommen sie auf der Autobahn an einem Schild vorbei.

a) Wie viele Kilometer müssen sie insgesamt fahren, bis sie in Nürnberg sind?

```
  168 km
+  98 km
  1 1
  266 km
```

Sie müssen insgesamt 266 km fahren, bis sie in Nürnberg sind.

b) Wie viele Kilometer ist Nürnberg von Würzburg entfernt?

```
  206 km
–  98 km
  1 1
  108 km
```

Nürnberg ist 108 km von Würzburg entfernt.

1 Rechne in Tabellen. Achte auf die Umrechnung in die verschiedenen Einheiten.

a) Eine Büroklammer ist 2,5 cm lang.
Finde heraus, wie lang eine Kette aus 1 000 Büroklammern ungefähr wäre.

Büroklammer	Länge
1	2,5 cm
10	25 cm
100	250 cm
1000	2500 cm = 25 m

Eine Kette aus 1 000 Büroklammern wäre ungefähr 25 m lang.

b) Ein Ziegelstein ist 24 cm lang.
Wie viele Ziegelsteine sind hintereinandergelegt ungefähr 100 km lang?

Ziegelstein	Länge
1	24 cm
2	48 cm
4	96 cm
40	960 cm
4000	960 m ≈ 1 km
400000	96000 m
	≈ 100 km

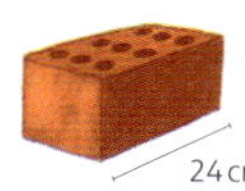

400 000 Ziegelsteine sind hintereinandergelegt ungefähr 100 km lang.

c) Dieses Übungsheft zu Größen ist 21 cm breit.
Wie viele Hefte sind nebeneinandergelegt ungefähr 100 m breit?

Heft	Länge
1	21 cm
5	≈ 1 m
500	100 m

500 Hefte sind nebeneinandergelegt ungefähr 100 m breit.

2019

	Januar	Februar	März	April
Montag	7 14 21 28	4 11 18 25	4 11 18 25	1 8 15 22 29
Dienstag	1 8 15 22 29	5 12 19 26	5 12 19 26	2 9 16 23 30
Mittwoch	2 9 16 23 30	6 13 20 27	6 13 20 27	3 10 17 24
Donnerstag	3 10 17 24 31	7 14 21 28	7 14 21 28	4 11 18 25
Freitag	4 11 18 25	1 8 15 22	1 8 15 22 29	5 12 19 26
Samstag	5 12 19 26	2 9 16 23	2 9 16 23 30	6 13 20 27
Sonntag	6 13 20 27	3 10 17 24	3 10 17 24 31	7 14 21 28

	Mai	Juni	Juli	August
Montag	6 13 20 27	3 10 17 24	1 8 15 22 29	5 12 19 26
Dienstag	7 14 21 28	4 11 18 25	2 9 16 23 30	6 13 20 27
Mittwoch	1 8 15 22 29	5 12 19 26	3 10 17 24 31	7 14 21 28
Donnerstag	2 9 16 23 30	6 13 20 27	4 11 18 25	1 8 15 22 29
Freitag	3 10 17 24 31	7 14 21 28	5 12 19 26	2 9 16 23 30
Samstag	4 11 18 25	1 8 15 22 29	6 13 20 27	3 10 17 24 31
Sonntag	5 12 19 26	2 9 16 23 30	7 14 21 28	4 11 18 25

	September	Oktober	November	Dezember
Montag	2 9 16 23 30	7 14 21 28	4 11 18 25	2 9 16 23 30
Dienstag	3 10 17 24	1 8 15 22 29	5 12 19 26	3 10 17 24 31
Mittwoch	4 11 18 25	2 9 16 23 30	6 13 20 27	4 11 18 25
Donnerstag	5 12 19 26	3 10 17 24 31	7 14 21 28	5 12 19 26
Freitag	6 13 20 27	4 11 18 25	1 8 15 22 29	6 13 20 27
Samstag	7 14 21 28	5 12 19 26	2 9 16 23 30	7 14 21 28
Sonntag	1 8 15 22 29	6 13 20 27	3 10 17 24	1 8 15 22 29

1 Fülle die Lücken mithilfe des Kalenders aus.

Nach dem Monat März kommt der Monat *April*.

Der 1. *April* und der 1. *Juli* liegen beide auf einem Montag. Der 17. Oktober ist ein *Donnerstag*. Das Jahr 2019 hat insgesamt *52* Sonntage. Der September hat *30* Tage. Marit hat am 23. März Geburtstag. Ihr Geburtstag ist in der *4.* Märzwoche. Der Juli dauert *4* Wochen und *3* Tage. *4* Monate haben 30 Tage und *7* Monate haben 31 Tage.

Der Monat *Februar* hat 2019 nur 28 Tage.

2 In Nordrhein-Westfalen enden die Sommerferien am 27. 08. 2019. Wie viele Tage dauert es, bis die Herbstferien (14. 10.) beginnen?

Es dauert *48* Tage, bis die Herbstferien beginnen.

3 Die Sommerferien gehen in Bayern vom 29. 07. bis zum 09. 09. 2019. Wie lange haben die Kinder in Bayern Sommerferien? Berechne in Wochen und in Tagen.

3 Tage im Juli *31 Tage im August*
3 + 31 + 9 = 43 *43 : 7 = 6 Rest 1*

Die Kinder haben *6 Wochen und 1 Tag* Sommerferien.

4 In welchem Bundesland gibt es mehr Ferientage?

Bundes-land	Winter	Ostern	Pfingsten	Sommer	Herbst	Weih-nachten	beweg-liche Feiertage
Bayern	04. 03.– 08. 03.	15. 04.– 27. 04	11. 06.– 21. 06.	29. 07.– 09. 09.	28. 10.– 31. 10.	23. 12.– 04. 01.	5
Rheinland-Pfalz	25. 02.– 01. 03	23. 04.– 30. 04.	–	01. 07.– 09. 08.	30. 09.– 11. 10.	23. 12.– 06. 01.	6

Bayern: 5 + 13 + 11 + 43 + 4 + 13 + 5 = 94
Rhl.-Pfalz: 5 + 8 + 40 + 12 + 15 + 6 = 86

Bayern hat *94* Ferientage. Rheinland-Pfalz hat *86* Ferientage.

In Bayern gibt es mehr Ferientage.

5 Kann das stimmen? Setze ✓ für richtig oder ✗ für falsch.

Drei Monate sind fast 21 Tage. ✗ Ein Jahr hat 356 Tage. ✗

Die ersten 3 Monate im Jahr haben weniger Tage als die letzten 3 Monate. ✓

Zwischen dem 1. Juni und dem 1. August liegen genau 60 Tage. ✓

Am 30. Juni dauert es noch 188 Tage, bis das Jahr zu Ende ist. ✗

1 Eine Schnecke kriecht 5 cm in der Minute.

a) Wie weit kommt sie an einem Tag, wenn sie keine Pause macht?

Zeit	*Strecke*
1 min	*5 cm*
10 min	*50 cm*
1 h	*3 m*
24 h	*72 m = 7 200 cm*

Die Schnecke kommt an einem Tag *72 m* weit.

b) Wie weit käme die Schnecke in einem Monat, wenn sie keine Pause machen würde? *

72 m · 31 = 2 232 m
70 m · 30 = 2 100 m
70 m · 1 = 70 m
2 m · 30 = 60 m
2 m · 1 = 2 m

Die Schnecke käme in einem Monat *2 232 m* weit.

2 Ein Auto fährt in einer Stunde 80 km. Wie lange bräuchte man ungefähr zur Umrundung der Erde (40 000 km), wenn man in einem Auto ohne Pause fahren würde?

1 Tag: 80 km · 24 = 1 920 km
80 km · 20 = 1 600 km
80 km · 4 = 320 km

10 Tage: 1 920 km · 10 = 19 200 km
20 Tage: 19 200 km · 2 = 38 400 km

38 400 km + 1 920 km = 40 320 km

Man bräuchte *21 Tage* für die Erdumrundung mit einem Auto.

* Beispiellösung: Man kann auch mit 30 Tagen rechnen.

Hier siehst du einige Tierarten und ihre Rekordgewichte:

Elefant 6 t

Nashorn 5 t

Eisbär 900 kg

Blauwal 190 t

Mondfisch 2 t 300 kg

Goliathfrosch 3 kg

1 Kann das stimmen? Setze ✓ für richtig oder ✗ für falsch.

6 Elefanten wiegen genauso viel wie ein Kleinwagen. ✗

Ein Linienbus wiegt mehr als zehnmal so viel wie ein Kleinwagen. ✓

17 Linienbusse wiegen fast so viel wie ein Blauwal. ✓

Ein Mondfisch wiegt ungefähr so viel wie ein halbes Nashorn. ✓

3 Elefanten wiegen ungefähr so viel wie ein Blauwal. ✗

$2\frac{1}{2}$ Eisbären wiegen ungefähr so viel wie ein Mondfisch. ✓

2 >, < oder =? Setze ein.

a) 12 000 kg *<* 14 t
2 t 300 kg *=* 2 300 kg
45 t *>* 40 000 kg
1 000 kg *<* 2 t

b) 1 t 100 kg *<* 11 000 kg
80 kg *<* 8 t
9 t *>* 900 kg
470 t *>* 4 kg 700 g

3 Wie viele Stücke Butter wiegen genauso viel wie ein Kleinwagen?

250 g

4 Stück Butter = 1 kg
4 000 Stück Butter = 1 000 kg

4 000 Stücke Butter wiegen genauso viel wie ein Kleinwagen.

Das Übungsheft Größen Mathematik 3/4 – Lösungen (Seite 54–57)

1 Trage die Gewichte auf den Kärtchen in die Tabelle ein.

768 Kilogramm | 23 kg 249 g | 46,78 kg | 306,005 kg | 18 Gramm | 73 kg 3 g

Gewicht in kg und g	100 kg	10 kg	1 kg	100 g	10 g	1 g	Gewicht mit Komma
23 kg 249 g		2	3	2	4	9	23,249 kg
46 kg 780 g		4	6	7	8	0	46,780 kg
306 kg 5 g	3	0	6	0	0	5	306,005 kg
0 kg 18 g			0	0	1	8	0,018 kg
768 kg 0 g	7	6	8	0	0	0	768,000 kg
73 kg 3 g		7	3	0	0	3	73,003 kg

2 Trage die Gewichte auf den Kärtchen in die Tabelle ein.

12 Tonnen | 267 t 452 kg | 8,345 t | 39,4 t | 44 t 6 kg | 83 Kilogramm

Gewicht in t und kg	100 t	10 t	1 t	100 kg	10 kg	1 kg	Gewicht mit Komma
267 t 452 kg	2	6	7	4	5	2	267,452 t
8 t 345 kg			8	3	4	5	8,345 t
39 t 400 kg		3	9	4	0	0	39,400 t
44 t 6 kg		4	4	0	0	6	44,006 t
12 t 0 kg		1	2	0	0	0	12,000 t
0 t 83 kg			0	0	8	3	0,083 t

3 Kann das stimmen? Setze ✓ für richtig oder ✗ für falsch.

a)
- $3\frac{1}{2}$ t = 3 500 g ✗
- 2,8 kg = 2 800 g ✓
- 34,7 t = 34 007 kg ✗

b)
- 2 t 481 kg = 2 481 kg ✓
- $5\frac{1}{2}$ kg = 5 500 g ✓
- 60 g = 0,006 kg ✗

4 Ein Lkw hat ein Leergewicht von 4,3 t. Er darf mit Ladung nicht mehr als 7 500 kg wiegen. Wie viel darf die Ladung des Lkws höchstens wiegen?

Die Ladung des Lkws darf höchstens *3200 kg oder 3,2 t* wiegen.

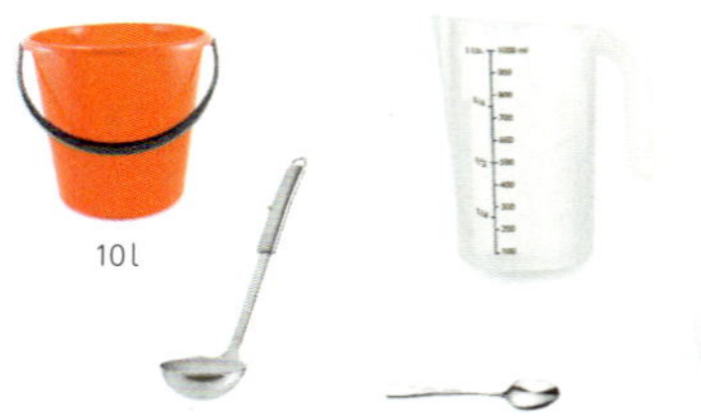

125 ml | 5 ml | 125 ml | 200 ml

1 Liter = 1000 Milliliter
1 l = 1000 ml
$\frac{1}{2}$ l = 500 ml
$\frac{1}{4}$ l = 250 ml
$\frac{3}{4}$ l = 750 ml

1 Finde weitere Gegenstände, mit denen du Flüssigkeiten abmessen kannst.*

5 ml	125 ml	200 ml	1 l	10 l
Teelöffel	Tasse	Glas	Messbecher	Eimer
Spritze	kl. Fläschchen	große Tasse	Milch-Box	Gießkanne
	Becher	Zahnputzbecher	Topf	Kanister

2 Wie viel ist im Messbecher? **3** Zeichne die Füllstände ein.

200 ml | *800 ml* | 300 ml | $\frac{1}{2}$ l

4 Fülle die Lücken aus.

In einen Messbecher (1 l) passen *8* Suppenkellen mit Flüssigkeit.

In eine Suppenkelle passen *25* Teelöffel Flüssigkeit.

Ein Eimer (10 l) fasst genauso viel Flüssigkeit wie *80* Tassen zu je 125 ml.

In eine *Suppenkelle* und in eine *Tasse* passt gleich viel Flüssigkeit.

In einen *Messbecher* passen 5 Gläser Wasser.

* Beispiellösung: Die Lösung ist individuell.

1 Liter oder Milliliter? Setze ein.

200 *ml* | 1 *l* | 100 *l* | 1 100 *l* | 250 *ml*

2 *l* | 125 *ml* | 240 *l* | 15 *ml* | 1 *ml*

2 Immer drei Kärtchen geben die gleiche Flüssigkeitsmenge an.
Färbe die zusammengehörigen Kärtchen in derselben Farbe.

1 l 500 ml | 4 500 ml | 1 250 ml | 3 l 500 ml | 3 l 250 ml
$3\frac{1}{2}$ l | 3 250 ml | 3 500 ml | $4\frac{1}{2}$ l | 4 l 750 ml
4 l 500 ml | $1\frac{1}{4}$ l | $4\frac{3}{4}$ l | 1 l 250 ml | 1 500 ml
$1\frac{1}{2}$ l | $3\frac{1}{4}$ l | 4 750 ml

3 Paul hat drei Flaschen vor sich stehen.
In der größten Flasche sind 7 l Wasser,
die anderen beiden Flaschen sind leer.
Paul möchte 1 l Wasser abmessen, ohne Wasser wegzuschütten. Dafür macht er zwei Umfüllungen.

7 l | 4 l | 3 l

Wie hat Paul es geschafft, 1 l abzumessen?

Ben füllt die 4 l-Flasche mit der 7 l-Flasche. Danach füllt er die 3 l-Flasche mit der 4 l-Flasche. Es bleibt genau 1 l Wasser in der 4 l-Flasche übrig.

1 Trage die Füllmengen auf den Kärtchen in die Tabelle ein.

453 l 249 ml | 46,78 l | 12 l 9 ml | 0,478 l | 168,085 l | 5 ml | $\frac{3}{4}$ l | 1,8 l | $\frac{1}{4}$ l | 73 l 67 ml

Füllmenge in l und ml	100 l	10 l	1 l	100 ml	10 ml	1 ml	Füllmenge mit Komma
453 l 249 ml	4	5	3	2	4	9	453,249 l
46 l 780 ml		4	6	7	8	0	46,780 l
12 l 9 ml		1	2	0	0	9	12,009 l
0 l 478 ml			0	4	7	8	0,478 l
168 l 85 ml	1	6	8	0	8	5	168,085 l
0 l 5 ml			0	0	0	5	0,005 l
0 l 750 ml			0	7	5	0	0,750 l
1 l 8 ml			1	0	0	8	1,008 l
0 l 250 ml			0	2	5	0	0,250 l
73 l 67 ml		7	3	0	6	7	73,067 l

2 Trage die fehlenden Angaben ein.

a)
- 2 456 ml = 2 l 456 ml = *2,456 l*
- 32 ml = *0 l 32 ml* = 0,032 l
- *7008 ml* = 7 l 8 ml = 7,008 l

b)
- 37 ml = 0 l 37 ml = *0,037 l*
- 999 ml = *0 l 999 ml* = 0,999 l
- *5670 ml* = 5 l 670 ml = 5,670 l

c)
- 8 ml = 0 l 8 ml = *0,008 l*
- 4 000 ml = *4 l 0 ml* = 4,000 l
- *1 111 ml* = 1 l 111 ml = 1,111 l

3 Ordne der Größe nach. Beginne mit der niedrigsten Füllmenge.

Kärtchen	Lösung
3,255 l	375 ml
3 l 500 ml	3,075 l
$3\frac{1}{4}$ l	$3\frac{1}{4}$ l
3 750 ml	3,255 l
3,075 l	3 l 500 ml
375 ml	3750 ml

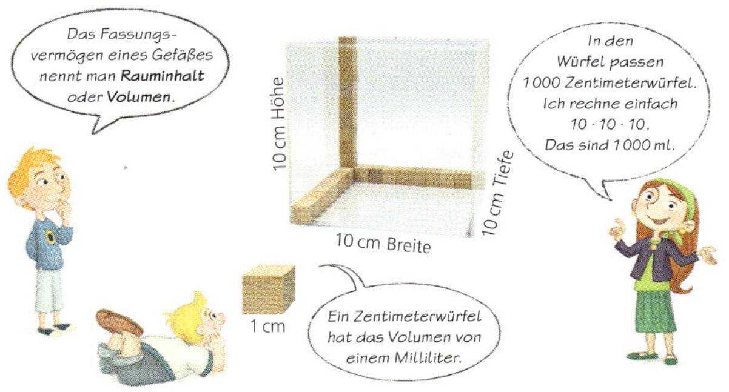

1 Bestimme das Volumen der Quader in Zentimeterwürfeln (ZW) und in Milliliter.

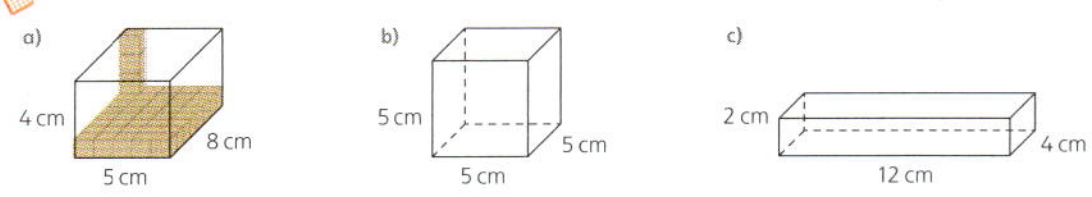

a) 160 ZW, 160 ml
b) 125 ZW, 125 ml
c) 96 ZW, 96 ml

2 Rechne das Volumen der Quader aus.

a) Quader
Breite: 8 cm
Höhe: 10 cm
Tiefe: 5 cm
400 ZW
400 ml

b) Quader
Breite: 12 cm
Höhe: 7 cm
Tiefe: 9 cm
756 ZW
756 ml

3 Finde zu jedem vorgegebenen Volumen einen passenden Quader. *

a) Quader: 12 ml	
Breite:	1 cm
Höhe:	2 cm
Tiefe:	6 cm

b) Quader: 9 ml	
Breite:	1 cm
Höhe:	3 cm
Tiefe:	3 cm

c) Quader: 160 ml	
Breite:	8 cm
Höhe:	4 cm
Tiefe:	5 cm

* Beispiellösung: Andere Maße sind möglich.

1 Rechne aus, wie viele Zentimeterquadrate in das Rechteck passen. Überprüfe mit den Zentimeterquadraten.

Länge	Breite	Fläche in Zentimeterquadraten
10 cm	6 cm	60

2 Rechne aus, wie viele Zentimeterquadrate in ein Quadrat mit 50 cm Seitenlänge passen.

50 · 50 = 2500

In ein Quadrat mit 50 cm Seitenlänge passen 2500 Zentimeterquadrate.

3 Rechne aus, wie viele Zentimeterquadrate in ein Meterquadrat passen.

100 · 100 = 10000

In ein Meterquadrat passen 10 000 Zentimeterquadrate.

4 Die Wohnung von Familie Grunert ist 97 Meterquadrate groß.
Wie viele Zentimeterquadrate passen in die Wohnung von Familie Grunert?

10000 · 97 = 970000

Es passen 970 000 Zentimeterquadrate in die Wohnung von Familie Grunert.

1 Rechne in Tabellen.

a) 10 cm Salami wiegen 250 g. Wie viel würde eine Salami wiegen, die 1 km lang wäre?

Gewicht	Länge
10 cm	250 g
1 m	2500 g
100 m	250000 g
1000 m	2500000 g
	= 2500 kg
	= 2 t 500 kg

Eine 1 km lange Salami würde 2 t 500 kg wiegen.

b) Der Fingernagel deines Mittelfingers wächst in einer Woche ungefähr 1 mm.
Wie lang wäre dein Fingernagel, wenn du ihn bisher noch nie gekürzt hättest?
Rechne entsprechend für dein Alter 8, 9 oder 10 Jahre aus.

Zeit	Länge
1 Woche	1 mm
1 Jahr (= 52 Wochen)	52 mm = 5,2 cm
8 Jahre	416 mm = 41,6 cm
9 Jahre	468 mm = 46,8 cm
10 Jahre	520 mm = 52 cm

Ich bin jetzt ____ Jahre alt. Mein Fingernagel wäre ____ lang. *

* Die Lösung ist individuell.

1 Welche Werte passen zu der jeweiligen Stellenwerttabelle? Kreuze an.

a) 1 € = 100 ct

10 €	1 €	10 ct	1 ct
	8	1	2

812 € ☐ 80,12 € ☐
8 € 12 ct ☒ 8,12 € ☒

b) 1 t = 1000 kg

100 t	10 t	1 t	100 kg	10 kg	1 kg
		5	3	0	6

53 t 6 kg ☐ 5,306 t ☒
5,306 kg ☐ 5 t 36 kg ☐

c) 1 cm = 10 mm

100 cm	10 cm	1 cm	1 mm
2	7	4	9

274,9 cm ☒ 274 cm 9 mm ☒
2,749 cm ☐ 27 cm 49 mm ☐

d) 1 kg = 1000 g

1 kg	100 g	10 g	1 g
4	0	1	8

401 kg 8 g ☐ 4,018 kg ☒
418 kg ☐ 4 kg 18 g ☒

2 Schreibe als Kommazahl.

a) 67 m 50 cm = 67,5 m
3 € 9 ct = 3,09 €
0 km 40 m = 0,04 km

b) $10\frac{1}{2}$ kg = 10,5 kg
$2\frac{1}{4}$ t = 2,25 t
87 cm 9 mm = 87,9 cm

c) 9 km 80 m = 9,08 km
211 € 56 ct = 211,56 €
7 cm 7 mm = 7,7 cm

d) $1\frac{3}{4}$ kg = 1,75 kg
8 t 1 kg = 8,001 t
$1\frac{1}{4}$ km = 1,25 km

3 Immer zwei Kärtchen haben den gleichen Wert. Male in derselben Farbe an.

14 cm | 140 g | 1 kg 4 g | 14 m | 1,004 kg | 140 cm | 0,140 kg | 0,014 km | 140 mm | 1,4 m

1 Überschlage zuerst, rechne dann schriftlich. Wandle vorher in Kommazahlen um, wenn nötig.

a) Sarah ist mit ihrem Hund Kaspar beim Tierarzt. Kaspar braucht eine Impfung für 58,79 € und eine Wurmkur für 17 € 85 ct.

Wie viel muss Sarah insgesamt bezahlen?

Ü: 60 € + 20 € = 80 €

Rechnung:

58,79 €
+ 17,85 €
76,64 €

Sarah muss insgesamt 76,64 € bezahlen.

b) Frau Brüning kauft für ihren Reitstall 8 Säcke Futtermöhren. Ein Sack Futtermöhren kostet 3,75 €.

Wie viel muss Frau Brüning bezahlen?

Ü: 8 · 4 € = 32 €

Rechnung:

3,75 € · 8
30,00 €

Frau Brüning muss 30 € bezahlen.

c) Der Landwirt Herr Bauer hat von seinen 3 t Möhren bereits 673 kg verkauft.

Wie viel Kilogramm Möhren hat Herr Bauer noch übrig?

Ü: 3000 kg – 700 kg = 2300 kg

Rechnung:

3000 kg
– 673 kg
2327 kg

Es sind noch 2327 kg Möhren übrig.

d) Theos Weg zur Schule beträgt 785 m.

Wie viele Kilometer geht Theo insgesamt (Hin- und Rückweg) von Montag bis Freitag?

Ü: 800 m · 2 = 1600 m; 1600 m · 5 = 8000 m

Rechnung:

785 m · 2
1570 m

1570 m · 5
7850 m

7850 m = 7,85 km

Theo geht von Montag bis Freitag insgesamt 7,85 km.

2 Rechne schriftlich. Wandle zuerst in Zahlen ohne Komma um, wenn nötig.

a) Lisa hat für ihre drei Hunde 143,67 € im Tierladen ausgegeben.

Wie viel Geld hat Lisa für jeden einzelnen Hund ausgegeben, wenn sie für jeden Hund das Gleiche gekauft hat?

Ü: 150 € : 3 = 50 €

Rechnung:

14367 ct : 3 = 4789 ct = 47,89 €
12
23
21
26
24
27
27
0

Lisa hat für jeden Hund 47,89 € ausgegeben.

b) Frau Schmied verfüttert in einer Woche 122,5 kg Möhren an ihre 7 Pferde.

Wie viel Kilogramm Möhren bekommt ein Pferd am Tag?

Ü: 140 kg : 7 = 20 kg 20 kg : 7 ≈ 3 kg

Rechnung:

122500 g : 7 = 17500 g
7
52
49
35
35
00
00
00
00
0

17500 g : 7 = 2500 g
14
35
35
00
00
00
00
0

2500 g = 2,5 kg

Ein Pferd bekommt am Tag 2,5 kg Möhren.

1 g

2 g

2 g

5 g

10 g

10 g

20 g

50 g

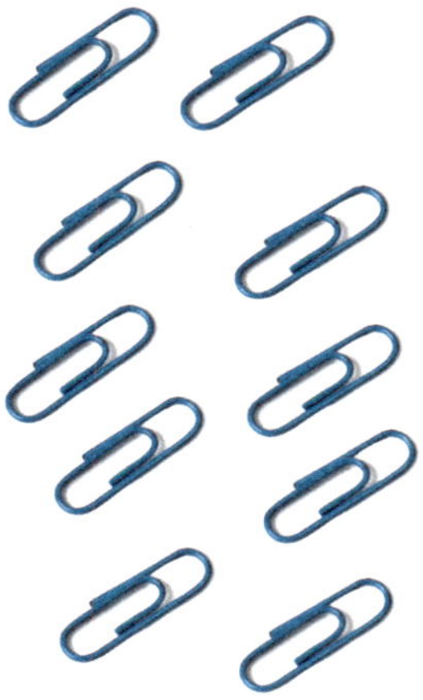

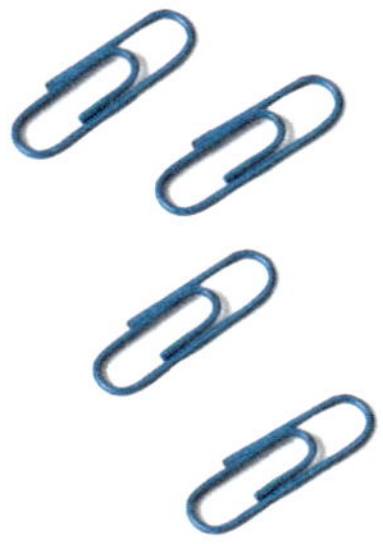

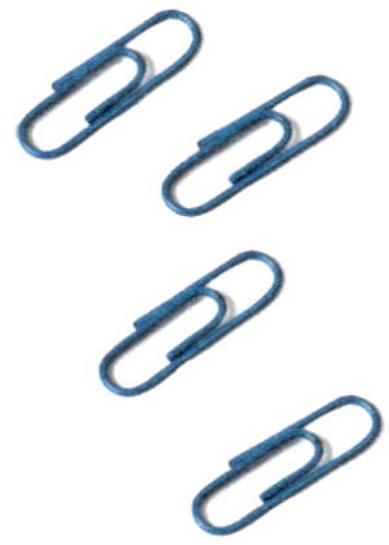

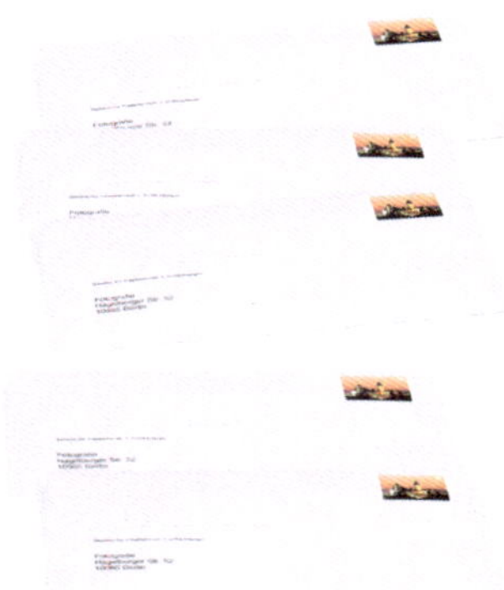

ORIGINAL
ORIGINAL

QUALITÄTS
Weizen
MEHL
TYPE 405

1 Stoppe mit einer Stoppuhr, ohne auf die Uhr zu schauen. Drücke auf Stopp, wenn du das Gefühl hast, dass die vorgegebene Zeit vorbei ist.
Trage deine Werte in die Tabelle ein.

Zeitdauer		so habe ich gestoppt
10 Sekunden	**00:10,** 0 0	00:
20 Sekunden	**00:20,** 0 0	
5 Sekunden	**00:05,** 0 0	
30 Sekunden	**00:30,** 0 0	
1 Minute	**01:00,** 0 0	

2 Wie viele Sekunden sind es?

60 Sekunden = 1 Minute
60 s = 1 min
30 s = $\frac{1}{2}$ min
15 s = $\frac{1}{4}$ min
45 s = $\frac{3}{4}$ min

a) 2 min = 120 s
1 min 16 s =
4 min 8 s =

b) $2\frac{1}{2}$ min =
$6\frac{3}{4}$ min =
1 min 15 s =

3 Wie viele Minuten und Sekunden sind es?

a) 124 s = 2 min 4 s
68 s =
187 s =

b) 76 s =
30 s =
61 s =

c) 45 s =
75 s =
88 s =

4

a) Luisa hat im 2. Schuljahr für den 400-Meter-Lauf 3 min 13 s gebraucht.
Im 3. Schuljahr brauchte sie nur noch 2 min 38 s.
Um wie viele Sekunden hat sie sich verbessert?

Sie hat sich um ____ Sekunden verbessert.

b) Felix ist im 2. Schuljahr 2 min 46 s gelaufen.
Im 3. Schuljahr war er 19 s schneller.
Wie lange hat Felix im 3. Schuljahr gebraucht?

Felix hat im 3. Schuljahr ____ s gebraucht.

1 Zentimeter = 1 cm

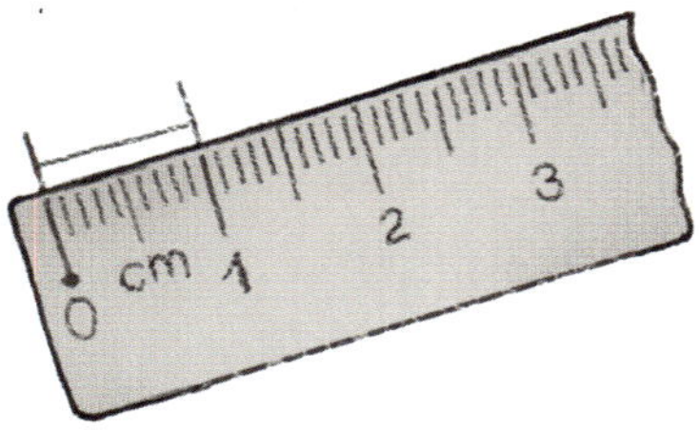

1 Millimeter = 1 mm

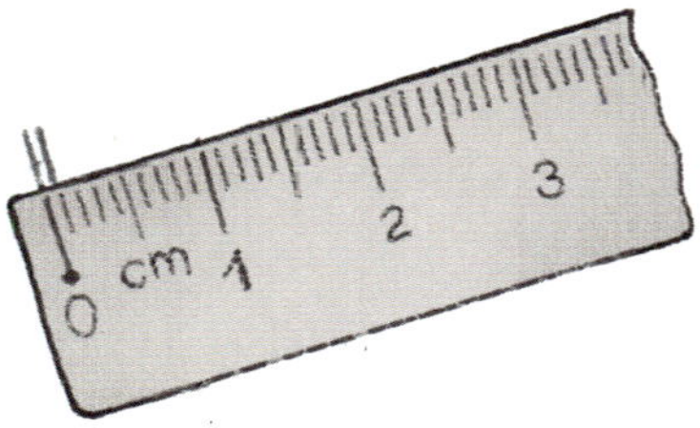

1 Miss die Länge der Gegenstände.

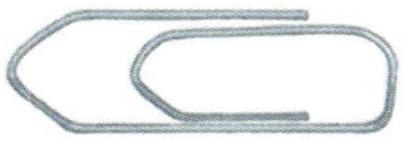 2 cm 6 mm

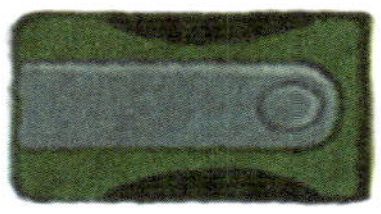 ____

 ____

 ____

 ____

2 Immer zwei Kreise haben von Mittelpunkt zu Mittelpunkt genau einen Abstand von 3 cm 6 mm. Male diese Kreise immer in der gleichen Farbe an.

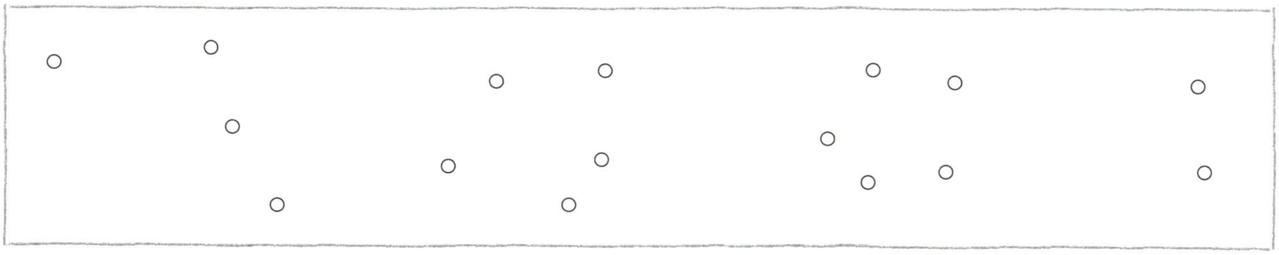

3 Wandle um.

a)	13 cm	7 mm =	137 mm		b)	___ cm	___ mm =	276 mm
	___ cm	___ mm =	85 mm			45 cm	1 mm =	___ mm
	0 cm	4 mm =	___ mm			___ cm	___ mm =	19 mm

4 Zeichne eine Strecke, die 6 cm 8 mm lang ist.

1 Was passt zusammen? Verbinde.

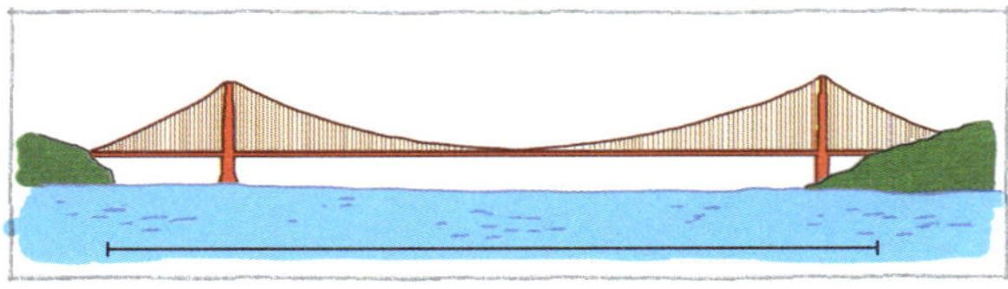

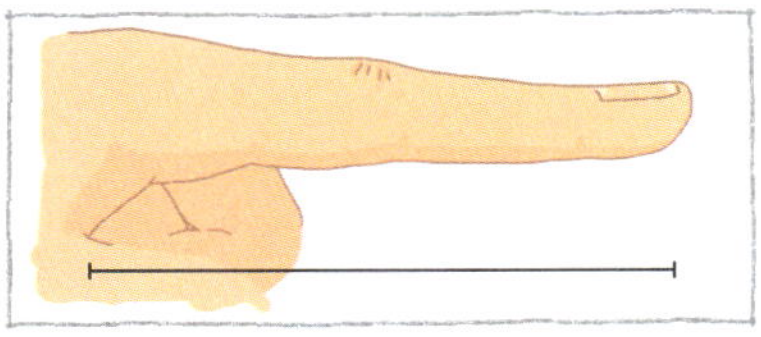

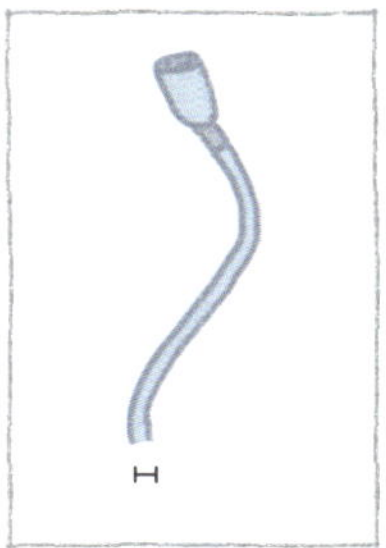

2 Millimeter

6 Millimeter

2 Zentimeter

7 Zentimeter

2 Meter

13 Meter

3 Kilometer

2 Rechne.

a) Ein Auto ist 5 m lang.
Wie viele Autos sind zusammen 1 km lang?

Autos sind zusammen 1 km lang.

b) Der Schulhof hat einen Umfang von insgesamt 200 m.
Wie viele Runden muss Lena am Rand des Schulhofs laufen, um auf 1 km zu kommen?

Lena muss Runden laufen.

3 Wandle um.

a)	13	km	745	m =		m	b)		km		m =	1009	m
		km		m =	4500	m		32	km	222	m =		m
	8	km	62	m =		m			km		m =	3074	m

Hier siehst du einen Plan von Lenas Klassenraum. Der Maßstab ist 1 : 100. Das heißt, dass 1 cm im Bild 100 cm in der Wirklichkeit entspricht.

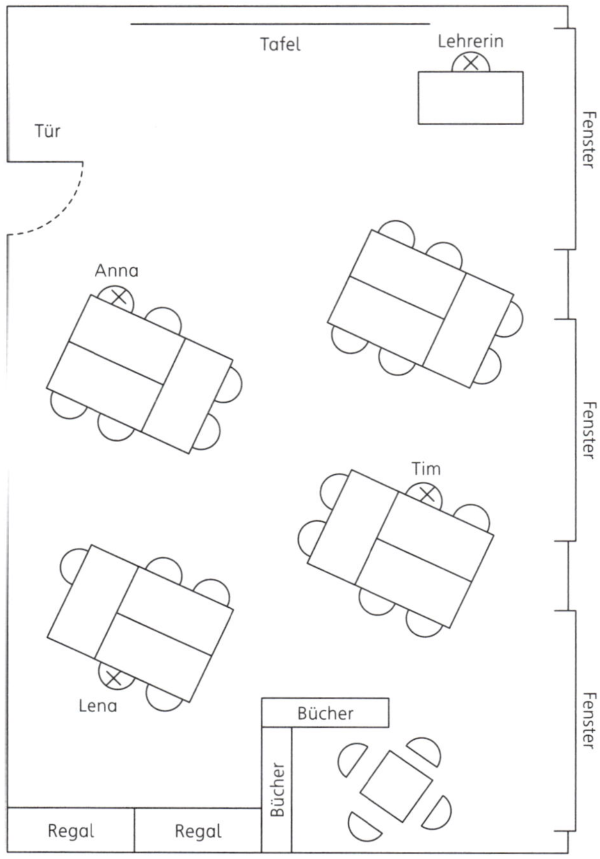

1 Ergänze die fehlenden Werte in der Tabelle.

im Bild	in der Wirklichkeit
1 cm	100 cm = 1 m
2 cm	
4 cm	
1 mm	100 mm = 10 cm
2 mm	20 cm
7 mm	
2 cm 4 mm	
7 cm 3 mm	

2 Miss die Längen im Bild. Schreibe auch auf, wie groß die Längen in der Wirklichkeit sind.

	im Bild	in der Wirklichkeit
Abstand von Anna zur Lehrerin		
Abstand von Lena zu Tim		
Länge des Klassenraums		
Länge aller Fenster zusammen		

3 Von einer Ecke des Klassenraums soll eine Girlande quer durch den ganzen Raum aufgehängt werden.

F: Wie lang ist die Girlande ungefähr?

A: Die Girlande ist ungefähr ______________ lang.

4 Auch bei Landkarten wird ein Maßstab angegeben. Fülle die Tabelle aus.

Maßstab	auf der Karte	in der Wirklichkeit
1 : 1 000	1 cm	1 000 cm = 10 m
1 : 10 000	1 cm	10 000 cm = m
1 : 100 000	1 cm	100 000 cm = m = km
1 : 1 000 000	1 cm	1 000 000 cm = km

5 Diese Landkarte hat einen Maßstab von 1 : 50 000.

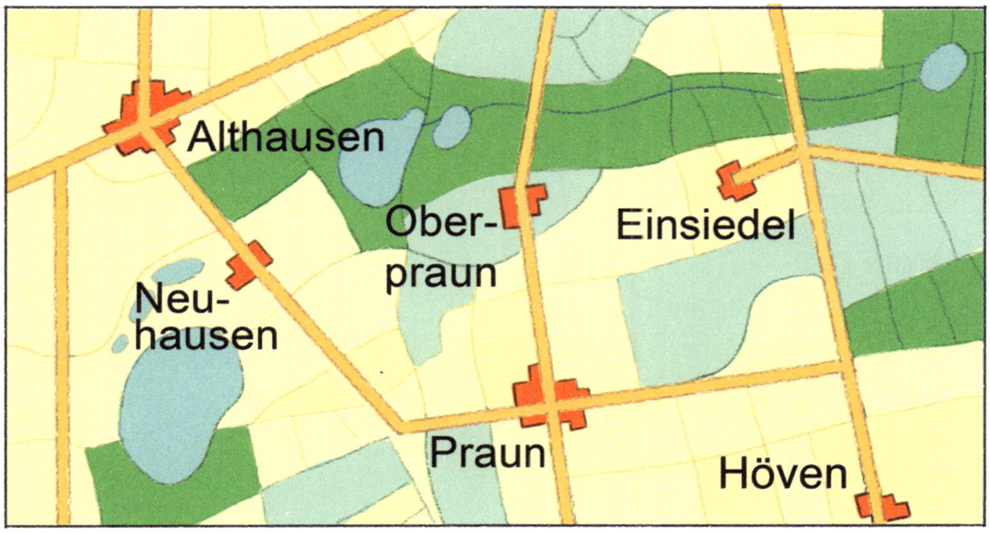

1 cm auf der Karte entspricht 500 m in der Wirklichkeit.

a) Fülle die Tabelle aus.

auf der Karte	in der Wirklichkeit
1 cm	
2 cm	
8 cm	
9 cm	

b) Florian wohnt in Einsiedel. Er besucht die Grundschule in Praun. Miss Florians Schulweg nach und rechne aus, wie lang dieser ist.

A: Florians Schulweg ist lang.

c) Marie fährt zweimal in der Woche von Neuhausen nach Höven zum Reiten. Wie viele Kilometer legt sie dafür in der Woche zurück?

A: Sie legt in der Woche zurück.

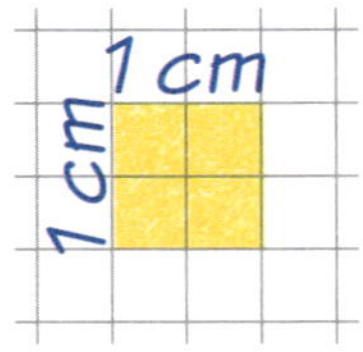

1 Wie viele Zentimeterquadrate passen in die Formen? Lege aus.

Zentimeterquadrate

Zentimeterquadrate

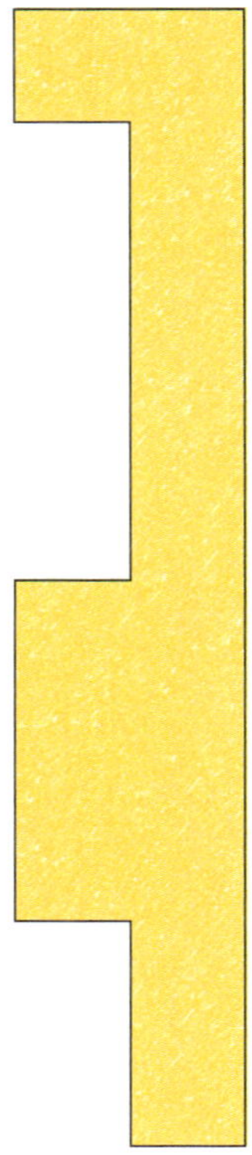

Zentimeterquadrate

Zentimeterquadrate

2 Wie viele Zentimeterquadrate passen in die Formen? Zeichne ein.

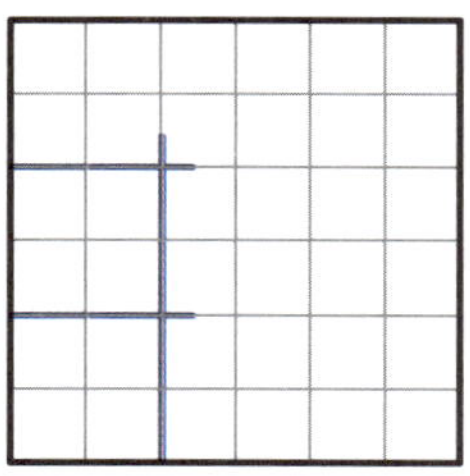

Zentimeterquadrate

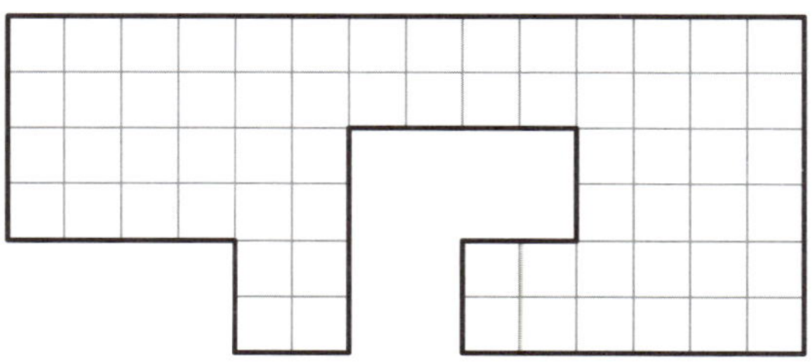

Zentimeterquadrate

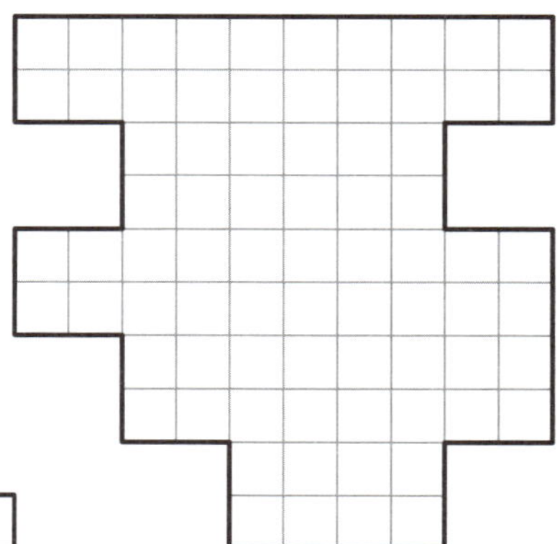

Zentimeter-
quadrate

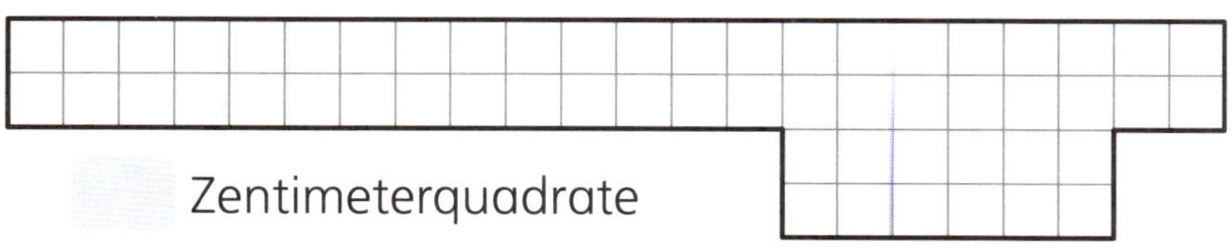

Zentimeterquadrate

1 Lege zu jedem Flächeninhalt drei verschiedene Formen. Zeichne deine Formen.

a) 4 Zentimeterquadrate

b) 9 Zentimeterquadrate

c) 12 Zentimeterquadrate

2 Lege die Formen aus und ordne sie nach ihrer Flächengröße.
Beginne mit der größten Fläche.

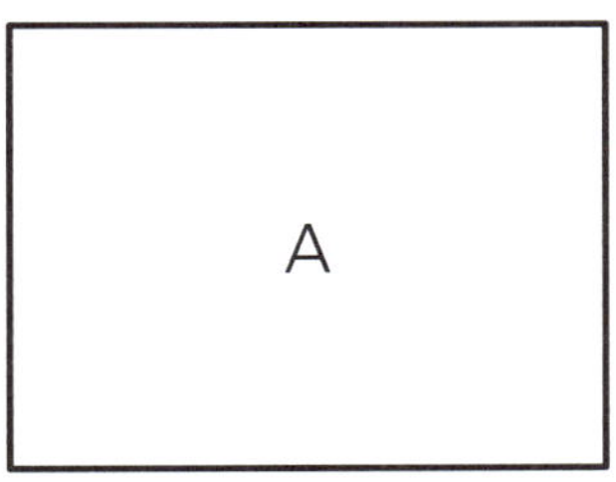

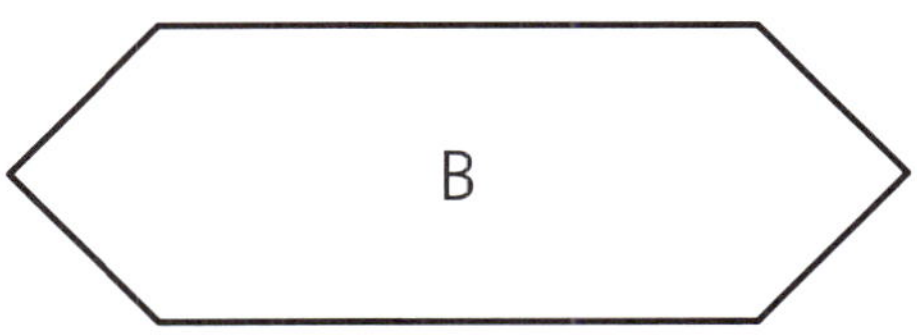

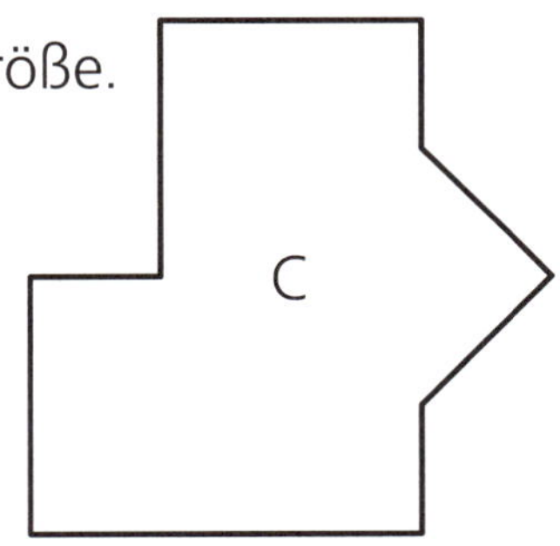

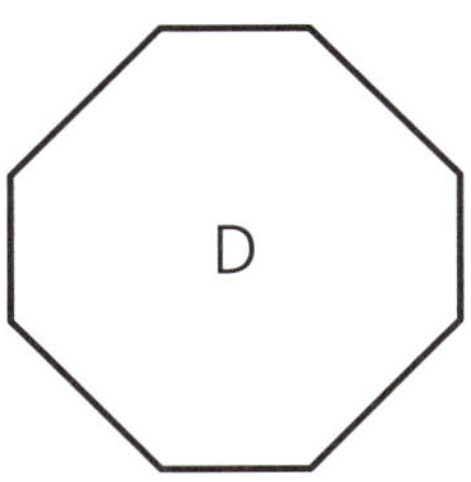

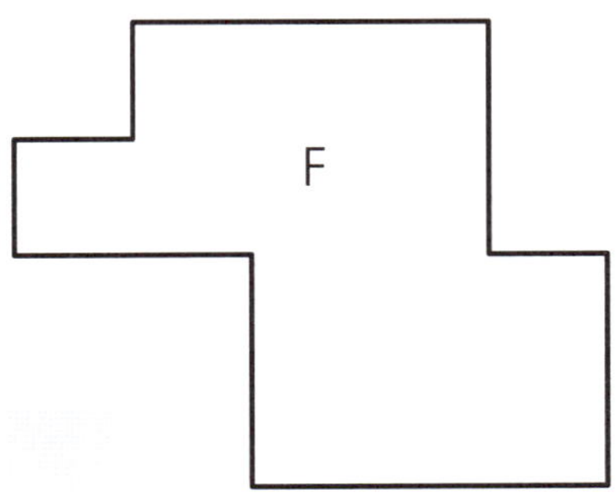

> > > > >

1

a) Zeichne die Rechtecke in der vorgegebenen Größe.
Lege sie mit den Zentimeterquadraten aus und fülle die Tabelle aus.

Rechteck	Länge	Breite	Fläche in Zentimeterquadraten
A	3 cm	2 cm	
B	4 cm	1 cm	
C	2 cm	6 cm	
D	5 cm	2 cm	

b) Vergleiche die Längen und Breiten der Rechtecke mit der Anzahl der jeweiligen Zentimeterquadrate. Was fällt dir auf?

2 Jonas hat ein Rechteck mit einer Länge von 12 cm und einer Breite von 5 cm gezeichnet. Wie viele Zentimeterquadrate passen in sein Rechteck? Rechne.

Es passen ___ Zentimeterquadrate in Jonas Rechteck.

3 Unterteile die Formen in Rechtecke und finde heraus, wie viele Zentimeterquadrate (Z) in die Formen passen. Rechne aus.

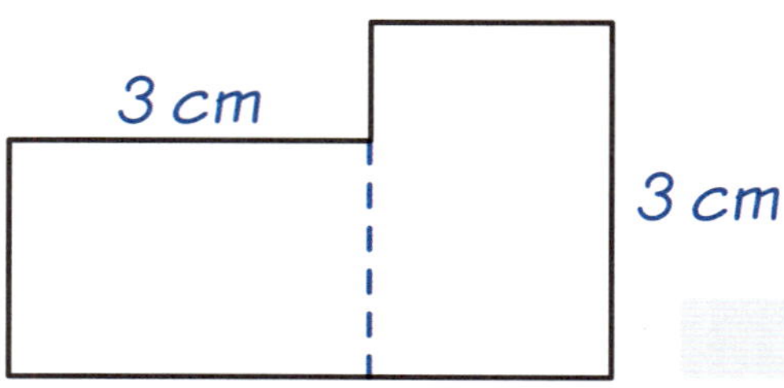

___ Z

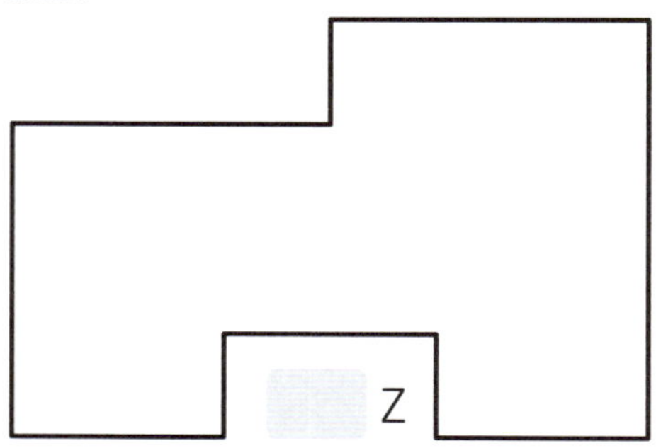

Meterquadrat

Das Meterquadrat im Grundriss

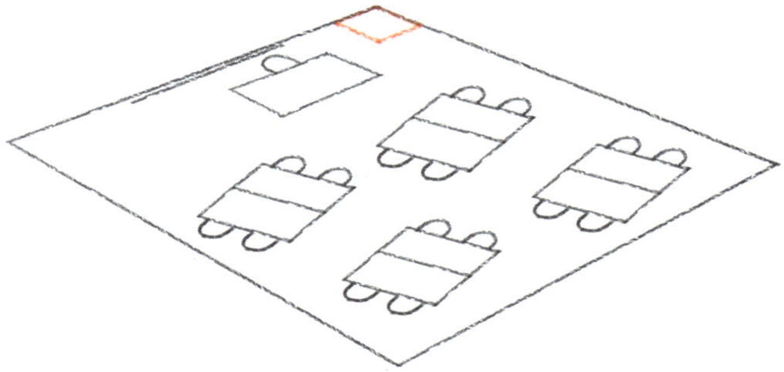

1 Hier siehst du den Grundriss einer Wohnung im Maßstab 1 : 100.

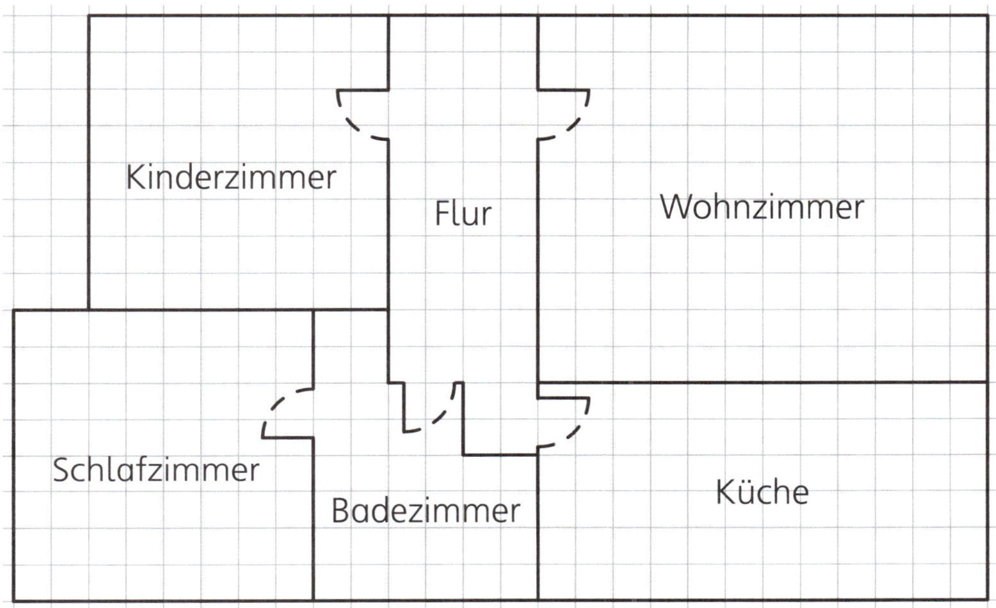

1 : 100 bedeutet: 1 cm im Bild entspricht 100 cm in der Wirklichkeit.

a) Wie viele Meterquadrate ist das Wohnzimmer groß?

Das Wohnzimmer ist ____ Meterquadrate groß.

b) Wie viele Meterquadrate ist die Küche groß?

Die Küche ist ____ Meterquadrate groß.

c) Welcher Raum ist größer: der Flur oder das Badezimmer?

________________ ist größer als ________________.

d) Welche beiden Räume sind gleich groß?

________________ und ________________ sind gleich groß.

e) Wie viele Meterquadrate ist die Wohnung insgesamt groß?

Die Wohnung ist insgesamt ____ Meterquadrate groß.

1 Wie viel wiegt es?

1 kg 250 g

2 Wie viel wiegt das Obst?

3 Wie viel wiegt ein Apfel?

Ein Apfel wiegt ______.

1 g 2 g 2 g 5 g 10 g 10 g 20 g 50 g 100 g 100 g 200 g 500 g 1 kg

1 Lege mit den Gewichtsstücken und schreibe auf, wie du gelegt hast.

700 g = 500 g,

380 g =

1 kg 90 g =

2 Mit welchen Gewichtsstücken kannst du die Angaben legen?

	1 kg	500 g	200 g	100 g	50 g	20 g	10 g	5 g	2 g	1 g
350 g	–	–	1	1	1	–	–	–	–	–
450 g										
803 g										
1 kg										
212 g										
999 g										
17 g										
550 g										
2 kg										

3 Wandle um.

a) 2 kg 635 g = ___ g
___ kg ___ g = 1 039 g
5 kg 807 g = ___ g

b) ___ kg ___ g = 9 999 g
45 kg 45 g = ___ g
___ kg ___ g = 2 981 g

4 Nele besitzt mehrere Gewichtssätze. Sie hat 370 g mit 8 Gewichtsstücken gelegt.

Welche Gewichtsstücke hat sie benutzt?

Merkgewichte

1 kg	500 g	250 g	100 g	10 g	1 g

1 >, < oder = ? Setze ein.

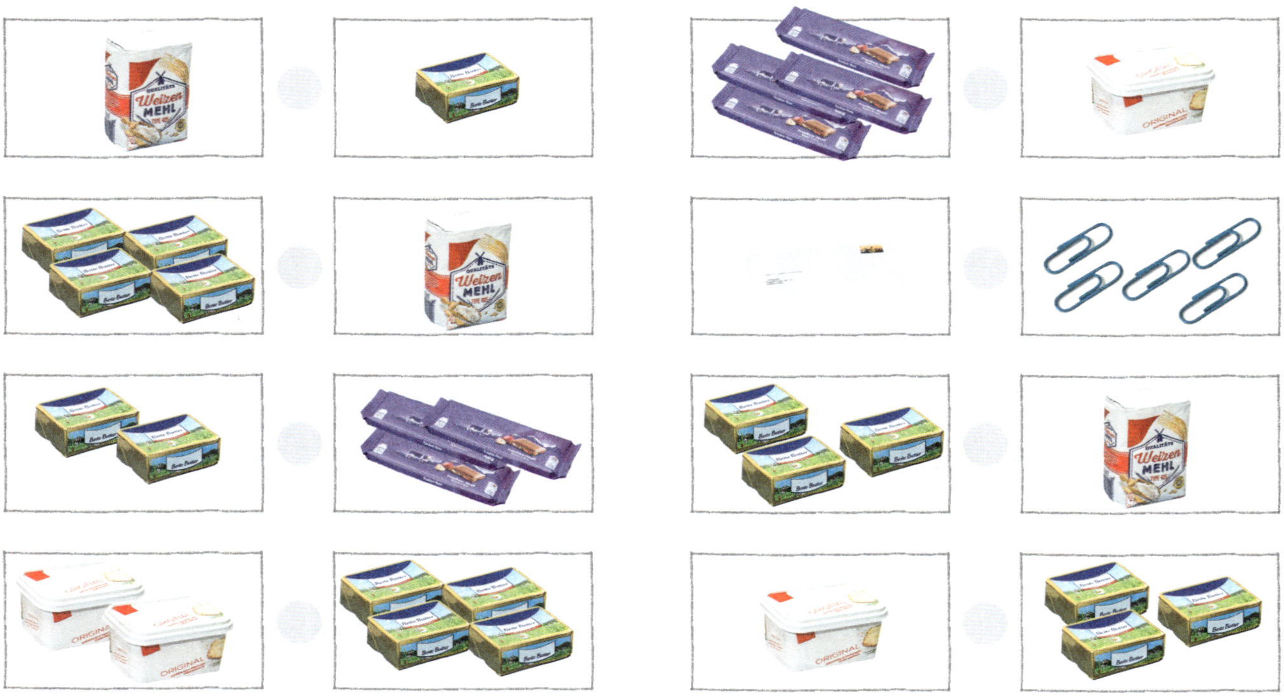

2 Wie viel wiegen die Korbinhalte?

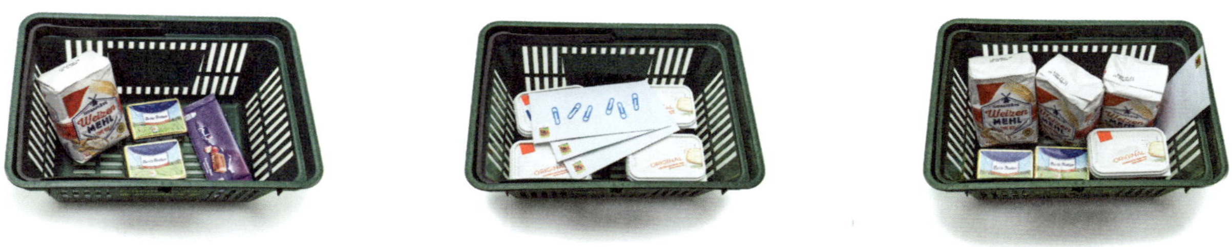

3 Ordne nach Gewicht. Beginne mit dem kleinsten Gewicht.

1 2 Büroklammern

Tafel Schokolade

Margarine

Mehl

Briefumschlag

Butter

1 Wie viel wiegt das Spielzeug?

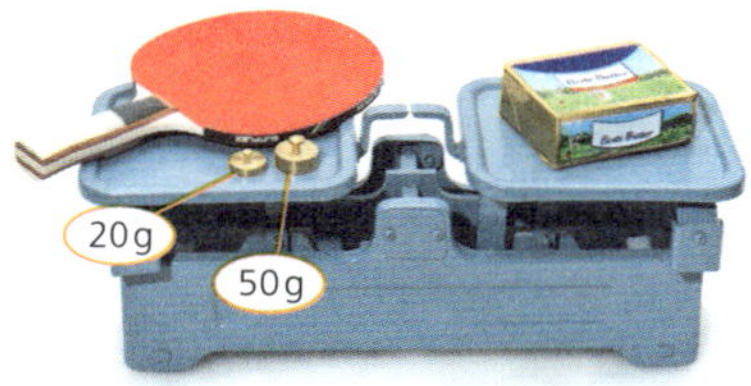

2 Ergänze zu einem Kilogramm.

a)

750 g + ___ = 1 kg
230 g + ___ = 1 kg
250 g + ___ = 1 kg
1 g + ___ = 1 kg

b)

100 g + ___ = 1 kg
825 g + ___ = 1 kg
175 g + ___ = 1 kg
19 g + ___ = 1 kg

3 Fabian hat herausgefunden, dass 5 Steckwürfel genau 11 g wiegen. Er möchte wissen, wie viele Steckwürfel ungefähr 1 kg wiegen.

___ Steckwürfel wiegen ungefähr 1 kg.

1 Trage die Längen auf den Kärtchen in die Tabelle ein.

~~34 cm 8 mm~~ | 46,1 cm | 12 cm 2 mm | 285 mm | 0,6 cm

479 mm | 7 Millimeter | 4 Zentimeter | 74 cm

Länge in cm und mm	10 cm	1 cm	1 mm	Länge mit Komma
34 cm 8 mm	*3*	*4*	*8*	*34,8 cm*

2 Trage die fehlenden Angaben ein.

a) 256 mm = 25 cm 6 mm = ____

2 mm = ____ = 0,2 cm

____ = 13 cm 1 mm = 13,1 cm

b) 84 mm = ____ cm

6,6 cm = ____ mm

97 cm = ____ mm

3 Miss die Längen der Strecken und schreibe als Kommazahl.

1 Trage die Längen auf den Kärtchen in die Tabelle ein.

~~523 km 249 m~~ | 46,78 km | 7,6 km | 99 Meter | 168,004 km | 12 km 8 m | 306,05 km | 7 Kilometer | 73 km 40 m | 0,582 km

Länge in km und m	100 km	10 km	1 km	100 m	10 m	1 m	Länge mit Komma
523 km 249 m	*5*	*2*	*3*	*2*	*4*	*9*	*523,249 km*

2 Trage die fehlenden Angaben ein.

a)

2 378 m = 2 km 378 m = ______

679 m = ______ = 0,679 km

______ = 13 km 1 m = 13,001 km

b)

89 m = 0 km 89 m = ______

4 020 m = ______ = 4,02 km

______ = 2 km 700 m = 2,7 km

3 Ordne der Größe nach. Beginne mit der kleinsten Länge.

5 780 m | 578,71 km | 578 km 73 m | 578 m | 578,071 km

______ < ______ < ______ < ______ < ______

1 Rechne schriftlich.

4,364 km + 12,002 km	1,06 km + 28,573 km	17,31 km − 0,438 km

2 Rechne schriftlich. Wandle zuerst um, wenn nötig.

34,567 km + 238 m	3,6 km + 23 578 m	45,65 km − 3,792 km
3,7 km − 2 098 m	32,931 km − 1 507 m	456 km − 38,564 km

3 Familie Gade fährt mit dem Auto nach Würzburg. Sie fahren über Nürnberg nach Würzburg. Nach 168 km kommen sie auf der Autobahn an einem Schild vorbei.

a) Wie viele Kilometer müssen sie insgesamt fahren, bis sie in Nürnberg sind?

Sie müssen insgesamt ____ km fahren, bis sie in Nürnberg sind.

b) Wie viele Kilometer ist Nürnberg von Würzburg entfernt?

Nürnberg ist ____ km von Würzburg entfernt.

1 Rechne in Tabellen. Achte auf die Umrechnung in die verschiedenen Einheiten.

a) Eine Büroklammer ist 2,5 cm lang.
Finde heraus, wie lang eine Kette aus 1 000 Büroklammern ungefähr wäre.

Büroklammer	Länge
1	2,5 cm
10	

Eine Kette aus 1 000 Büroklammern wäre ungefähr ______ lang.

b) Ein Ziegelstein ist 24 cm lang.
Wie viele Ziegelsteine sind hintereinandergelegt ungefähr 100 km lang?

24 cm

______ Ziegelsteine sind hintereinandergelegt ungefähr 100 km lang.

c) Dieses Übungsheft zu Größen ist 21 cm breit.
Wie viele Hefte sind nebeneinandergelegt ungefähr 100 m breit?

21 cm

______ Hefte sind nebeneinandergelegt ungefähr 100 m breit.

2019

	Januar	Februar	März	April
Montag	7 14 21 28	4 11 18 25	4 11 18 25	1 8 15 22 29
Dienstag	1 8 15 22 29	5 12 19 26	5 12 19 26	2 9 16 23 30
Mittwoch	2 9 16 23 30	6 13 20 27	6 13 20 27	3 10 17 24
Donnerstag	3 10 17 24 31	7 14 21 28	7 14 21 28	4 11 18 25
Freitag	4 11 18 25	1 8 15 22	1 8 15 22 29	5 12 19 26
Samstag	5 12 19 26	2 9 16 23	2 9 16 23 30	6 13 20 27
Sonntag	6 13 20 27	3 10 17 24	3 10 17 24 31	7 14 21 28

	Mai	Juni	Juli	August
Montag	6 13 20 27	3 10 17 24	1 8 15 22 29	5 12 19 26
Dienstag	7 14 21 28	4 11 18 25	2 9 16 23 30	6 13 20 27
Mittwoch	1 8 15 22 29	5 12 19 26	3 10 17 24 31	7 14 21 28
Donnerstag	2 9 16 23 30	6 13 20 27	4 11 18 25	1 8 15 22 29
Freitag	3 10 17 24 31	7 14 21 28	5 12 19 26	2 9 16 23 30
Samstag	4 11 18 25	1 8 15 22 29	6 13 20 27	3 10 17 24 31
Sonntag	5 12 19 26	2 9 16 23 30	7 14 21 28	4 11 18 25

	September	Oktober	November	Dezember
Montag	2 9 16 23 30	7 14 21 28	4 11 18 25	2 9 16 23 30
Dienstag	3 10 17 24	1 8 15 22 29	5 12 19 26	3 10 17 24 31
Mittwoch	4 11 18 25	2 9 16 23 30	6 13 20 27	4 11 18 25
Donnerstag	5 12 19 26	3 10 17 24 31	7 14 21 28	5 12 19 26
Freitag	6 13 20 27	4 11 18 25	1 8 15 22 29	6 13 20 27
Samstag	7 14 21 28	5 12 19 26	2 9 16 23 30	7 14 21 28
Sonntag	1 8 15 22 29	6 13 20 27	3 10 17 24	1 8 15 22 29

1 Fülle die Lücken mithilfe des Kalenders aus.

Nach dem Monat März kommt der Monat ____________.

Der 1. ____________ und der 1. ____________ liegen beide auf einem Montag. Der 17. Oktober ist ein ____________. Das Jahr 2019 hat insgesamt ____ Sonntage. Der September hat ____ Tage. Marit hat am 23. März Geburtstag. Ihr Geburtstag ist in der ____ Märzwoche. Der Juli dauert ____ Wochen und ____ Tage. ____ Monate haben 30 Tage und ____ Monate haben 31 Tage.

Der Monat ____________ hat 2019 nur 28 Tage.

2 In Nordrhein-Westfalen enden die Sommerferien am 27. 08. 2019. Wie viele Tage dauert es, bis die Herbstferien (14. 10.) beginnen?

Es dauert ___ Tage, bis die Herbstferien beginnen.

3 Die Sommerferien gehen in Bayern vom 29. 07. bis zum 09. 09. 2019. Wie lange haben die Kinder in Bayern Sommerferien? Berechne in Wochen und in Tagen.

Die Kinder haben ______________________ Sommerferien.

4 In welchem Bundesland gibt es mehr Ferientage?

Bundesland	Winter	Ostern	Pfingsten	Sommer	Herbst	Weihnachten	bewegliche Feiertage
Bayern	04. 03.– 08. 03.	15. 04.– 27. 04	11. 06.– 21. 06.	29. 07.– 09. 09.	28. 10.– 31. 10.	23. 12.– 04. 01.	5
Rheinland-Pfalz	25. 02.– 01. 03	23. 04.– 30. 04.	–	01. 07.– 09. 08.	30. 09.– 11. 10.	23. 12.– 06. 01.	6

Bayern hat ___ Ferientage. Rheinland-Pfalz hat ___ Ferientage.

____

5 Kann das stimmen? Setze ✓ für richtig oder ✗ für falsch.

Drei Monate sind fast 21 Tage. ☐ Ein Jahr hat 356 Tage. ☐

Die ersten 3 Monate im Jahr haben weniger Tage als die letzten 3 Monate. ☐

Zwischen dem 1. Juni und dem 1. August liegen genau 60 Tage. ☐

Am 30. Juni dauert es noch 188 Tage, bis das Jahr zu Ende ist. ☐

1 Eine Schnecke kriecht 5 cm in der Minute.

a) Wie weit kommt sie an einem Tag, wenn sie keine Pause macht?

Zeit	Strecke
1 min	5 cm
10 min	
1 h	
24 h	

Die Schnecke kommt an einem Tag ______ weit.

b) Wie weit käme die Schnecke in einem Monat, wenn sie keine Pause machen würde?

Die Schnecke käme in einem Monat ______ weit.

2 Ein Auto fährt in einer Stunde 80 km.
Wie lange bräuchte man ungefähr zur Umrundung der Erde (40 000 km), wenn man in einem Auto ohne Pause fahren würde?

Man bräuchte ______ für die Erdumrundung mit einem Auto.

Hier siehst du einige Tierarten
und ihre Rekordgewichte:

Elefant 6 t

Nashorn 5 t

1 000 kg = 1 Tonne (t)
Zum Vergleich:

1 000 kg

11 t

Eisbär 900 kg

Blauwal 190 t

Mondfisch 2 t 300 kg

Goliathfrosch 3 kg

1 Kann das stimmen? Setze ✓ für richtig oder ✗ für falsch.

6 Elefanten wiegen genauso viel wie ein Kleinwagen. ☐

Ein Linienbus wiegt mehr als zehnmal so viel wie ein Kleinwagen. ☐

17 Linienbusse wiegen fast so viel wie ein Blauwal. ☐

Ein Mondfisch wiegt ungefähr so viel wie ein halbes Nashorn. ☐

3 Elefanten wiegen ungefähr so viel wie ein Blauwal. ☐

$2\frac{1}{2}$ Eisbären wiegen ungefähr so viel wie ein Mondfisch. ☐

2 >, < oder =? Setze ein.

a)

12 000 kg	◯	14 t
2 t 300 kg	◯	2 300 kg
45 t	◯	40 000 kg
1 000 kg	◯	2 t

b)

1 t 100 kg	◯	11 000 kg
80 kg	◯	8 t
9 t	◯	900 kg
470 t	◯	4 kg 700 g

3 Wie viele Stücke Butter wiegen genauso viel wie ein Kleinwagen?

250 g

_____ Stücke Butter wiegen genauso viel wie ein Kleinwagen.

1 Trage die Gewichte auf den Kärtchen in die Tabelle ein.

768 Kilogramm | ~~23 kg 249 g~~ | 46,78 kg | 306,005 kg | 18 Gramm | 73 kg 3 g

Gewicht in kg und g	100 kg	10 kg	1 kg	100 g	10 g	1 g	Gewicht mit Komma
23 kg 249 g		2	3	2	4	9	23,249 kg

2 Trage die Gewichte auf den Kärtchen in die Tabelle ein.

12 Tonnen | ~~267 t 452 kg~~ | 8,345 t | 39,4 t | 44 t 6 kg | 83 Kilogramm

Gewicht in t und kg	100 t	10 t	1 t	100 kg	10 kg	1 kg	Gewicht mit Komma
267 t 452 kg	2	6	7	4	5	2	267,452 t

3 Kann das stimmen? Setze ✓ für richtig oder ✗ für falsch.

a)
$3\frac{1}{2}$ t = 3 500 g ☐
2,8 kg = 2 800 g ☐
34,7 t = 34 007 kg ☐

b)
2 t 481 kg = 2 481 kg ☐
$5\frac{1}{2}$ kg = 5 500 g ☐
60 g = 0,006 kg ☐

4 Ein Lkw hat ein Leergewicht von 4,3 t. Er darf mit Ladung nicht mehr als 7 500 kg wiegen. Wie viel darf die Ladung des Lkws höchstens wiegen?

Die Ladung des Lkws darf höchstens ______ wiegen.

10 l

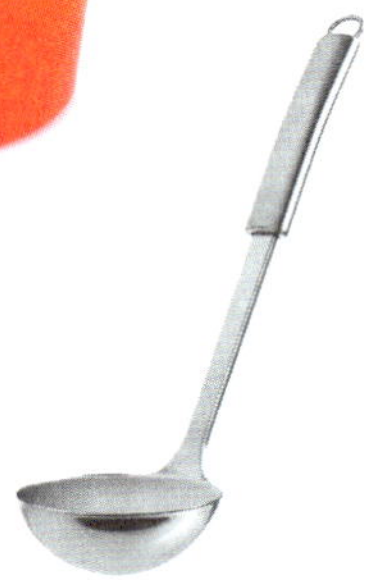

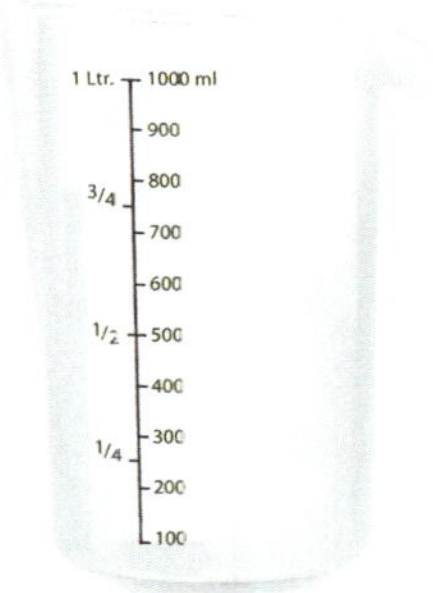

1 Liter = 1000 Milliliter
1 l = 1000 ml
$\frac{1}{2}$ l = 500 ml
$\frac{1}{4}$ l = 250 ml
$\frac{3}{4}$ l = 750 ml

125 ml | 5 ml | 125 ml | 200 ml

1 Finde weitere Gegenstände, mit denen du Flüssigkeiten abmessen kannst.

5 ml	125 ml	200 ml	1 l	10 l
Teelöffel	*Tasse*	*Glas*	*Messbecher*	*Eimer*

2 Wie viel ist im Messbecher?

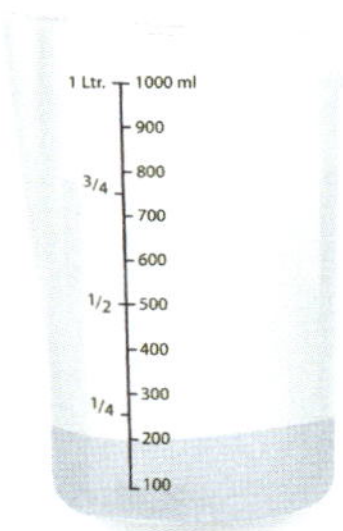

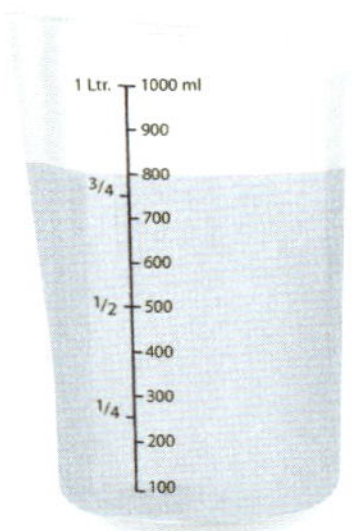

3 Zeichne die Füllstände ein.

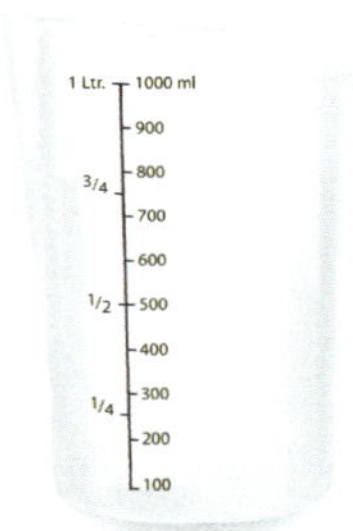

300 ml

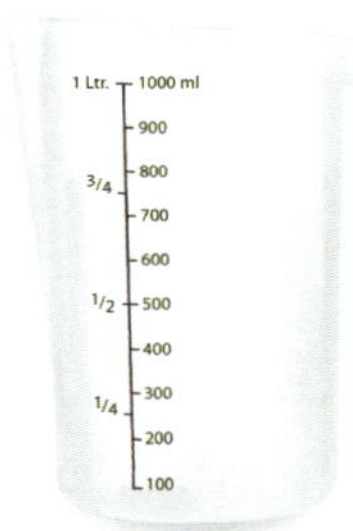

$\frac{1}{2}$ l

4 Fülle die Lücken aus.

In einen Messbecher (1 l) passen ______ Suppenkellen mit Flüssigkeit.

In eine Suppenkelle passen ______ Teelöffel Flüssigkeit.

Ein Eimer (10 l) fasst genauso viel Flüssigkeit wie ______ Tassen zu je 125 ml.

In eine ______________ und in eine ______________ passt gleich viel Flüssigkeit.

In einen ______________ passen 5 Gläser Wasser.

1 Liter oder Milliliter? Setze ein.

200 ____

1 ____

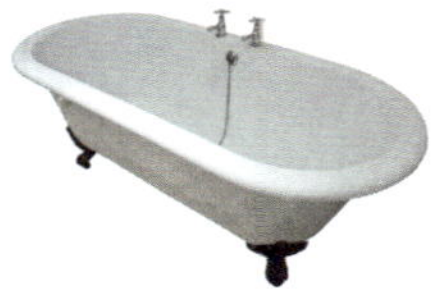

100 ____

1 100 ____

250 ____

2 ____

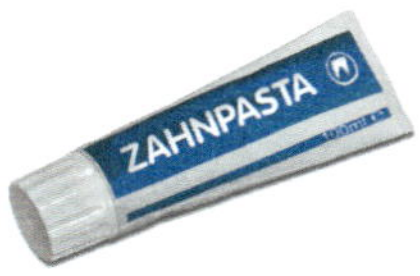

125 ____

240 ____

15 ____

1 ____

2 Immer drei Kärtchen geben die gleiche Flüssigkeitsmenge an.
Färbe die zusammengehörigen Kärtchen in derselben Farbe.

1 l 500 ml	4 500 ml	1 250 ml	3 l 500 ml	3 l 250 ml
$3\frac{1}{2}$ l	3 250 ml	3 500 ml	$4\frac{1}{2}$ l	4 l 750 ml
4 l 500 ml	$1\frac{1}{4}$ l	$4\frac{3}{4}$ l	1 l 250 ml	1 500 ml
$1\frac{1}{2}$ l	$3\frac{1}{4}$ l	4 750 ml		

3 Paul hat drei Flaschen vor sich stehen.
In der größten Flasche sind 7 l Wasser,
die anderen beiden Flaschen sind leer.
Paul möchte 1 l Wasser abmessen, ohne Wasser
wegzuschütten. Dafür macht er zwei Umfüllungen.

Wie hat Paul es geschafft, 1 l abzumessen?

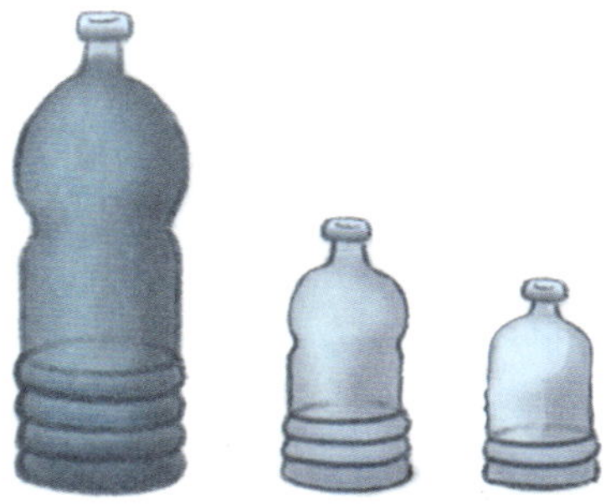

7 l 4 l 3 l

1 Trage die Füllmengen auf den Kärtchen in die Tabelle ein.

~~453 l 249 ml~~ | 46,78 l | 12 l 9 ml | 0,478 l

168,085 l | 5 ml | $\frac{3}{4}$ l

1,8 l | $\frac{1}{4}$ l | 73 l 67 ml

Füllmenge in l und ml	100 l	10 l	1 l	100 ml	10 ml	1 ml	Füllmenge mit Komma
453 l 249 ml	4	5	3	2	4	9	453,249 l

2 Trage die fehlenden Angaben ein.

a) 2 456 ml = 2 l 456 ml =
32 ml = = 0,032 l
= 7 l 8 ml = 7,008 l

b) 37 ml = 0 l 37 ml =
999 ml = = 0,999 l
= 5 l 670 ml = 5,670 l

c) 8 ml = 0 l 8 ml =
4 000 ml = = 4,000 l
= 1 l 111 ml = 1,111 l

3 Ordne der Größe nach. Beginne mit der niedrigsten Füllmenge.

3,255 l	
3 l 500 ml	
$3\frac{1}{4}$ l	
3 750 ml	
3,075 l	
375 ml	

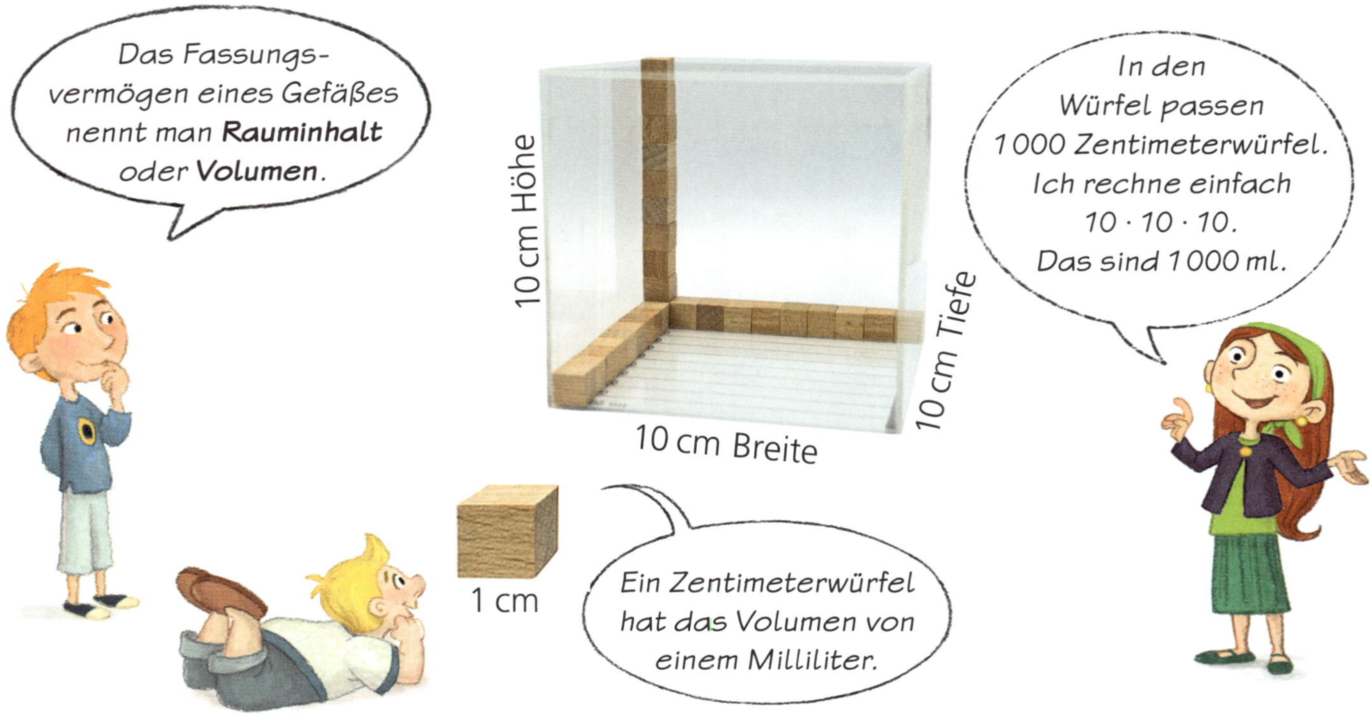

1 Bestimme das Volumen der Quader in Zentimeterwürfeln (ZW) und in Milliliter.

a)

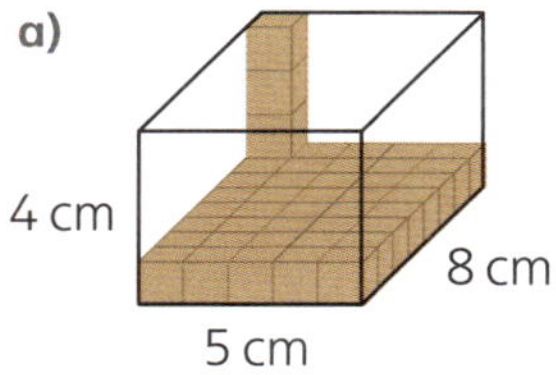

___ ZW
___ ml

b)

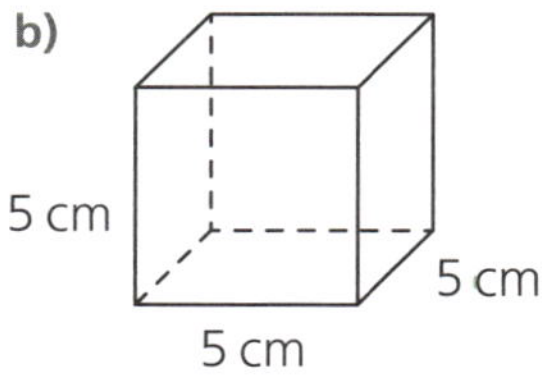

___ ZW
___ ml

c)

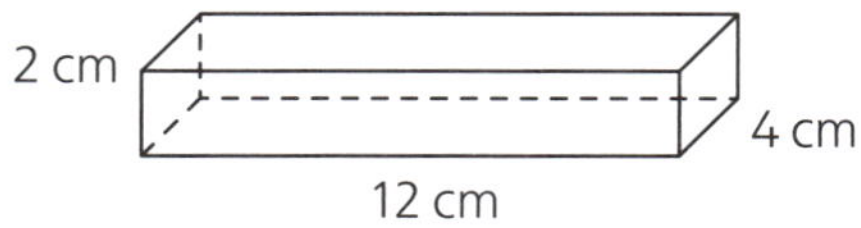

___ ZW
___ ml

2 Rechne das Volumen der Quader aus.

a)

Quader
Breite: 8 cm
Höhe: 10 cm
Tiefe: 5 cm

___ ZW
___ ml

b)

Quader
Breite: 12 cm
Höhe: 7 cm
Tiefe: 9 cm

___ ZW
___ ml

3 Finde zu jedem vorgegebenen Volumen einen passenden Quader.

a)

Quader: 12 ml
Breite: ___
Höhe: ___
Tiefe: ___

b)

Quader: 9 ml
Breite: ___
Höhe: ___
Tiefe: ___

c)

Quader: 160 ml
Breite: ___
Höhe: ___
Tiefe: ___

1 Rechne aus, wie viele Zentimeterquadrate in das Rechteck passen. Überprüfe mit den Zentimeterquadraten.

Länge	Breite	Fläche in Zentimeterquadraten

2 Rechne aus, wie viele Zentimeterquadrate in ein Quadrat mit 50 cm Seitenlänge passen.

In ein Quadrat mit 50 cm Seitenlänge passen ______ Zentimeterquadrate.

3 Rechne aus, wie viele Zentimeterquadrate in ein Meterquadrat passen.

In ein Meterquadrat passen ______ Zentimeterquadrate.

4 Die Wohnung von Familie Grunert ist 97 Meterquadrate groß.
Wie viele Zentimeterquadrate passen in die Wohnung von Familie Grunert?

Es passen ______ Zentimeterquadrate in die Wohnung von Familie Grunert.

1 Rechne in Tabellen.

a) 10 cm Salami wiegen 250 g. Wie viel würde eine Salami wiegen, die 1 km lang wäre?

Eine 1 km lange Salami würde ______ wiegen.

b) Der Fingernagel deines Mittelfingers wächst in einer Woche ungefähr 1 mm. Wie lang wäre dein Fingernagel, wenn du ihn bisher noch nie gekürzt hättest? Rechne entsprechend für dein Alter 8, 9 oder 10 Jahre aus.

Ich bin jetzt ____ Jahre alt. Mein Fingernagel wäre ______ lang.

1 Welche Werte passen zu der jeweiligen Stellenwerttabelle? Kreuze an.

a) 1 € = 100 ct

10 €	1 €	10 ct	1 ct
	8	1	2

812 € ☐ 80,12 € ☐
8 € 12 ct ☐ 8,12 € ☐

b) 1 t = 1 000 kg

100 t	10 t	1 t	100 kg	10 kg	1 kg
		5	3	0	6

53 t 6 kg ☐ 5,306 t ☐
5,306 kg ☐ 5 t 36 kg ☐

c) 1 cm = 10 mm

100 cm	10 cm	1 cm	1 mm
2	7	4	9

274,9 cm ☐ 274 cm 9 mm ☐
2,749 cm ☐ 27 cm 49 mm ☐

d) 1 kg = 1 000 g

1 kg	100 g	10 g	1 g
4	0	1	8

401 kg 8 g ☐ 4,018 kg ☐
418 kg ☐ 4 kg 18 g ☐

2 Schreibe als Kommazahl.

a) 67 m 50 cm =
3 € 9 ct =
0 km 40 m =

b) $10\frac{1}{2}$ kg =
$2\frac{1}{4}$ t =
87 cm 9 mm =

c) 9 km 80 m =
211 € 56 ct =
7 cm 7 mm =

d) $1\frac{3}{4}$ kg =
8 t 1 kg =
$1\frac{1}{4}$ km =

3 Immer zwei Kärtchen haben den gleichen Wert. Male in derselben Farbe an.

14 cm | 140 g | 1 kg 4 g | 14 m
1,004 kg | 140 cm | 0,140 kg
0,014 km | 140 mm | 1,4 m

1 Überschlage zuerst, rechne dann schriftlich. Wandle vorher in Kommazahlen um, wenn nötig.

a) Sarah ist mit ihrem Hund Kaspar beim Tierarzt. Kaspar braucht eine Impfung für 58,79 € und eine Wurmkur für 17 € 85 ct.

Wie viel muss Sarah insgesamt bezahlen?

Ü: ______________________________

Sarah muss insgesamt ________ € bezahlen.

Rechnung:

b) Frau Brüning kauft für ihren Reitstall 8 Säcke Futtermöhren. Ein Sack Futtermöhren kostet 3,75 €.

Wie viel muss Frau Brüning bezahlen?

Ü: ______________________________

Frau Brüning muss ________ € bezahlen.

Rechnung:

c) Der Landwirt Herr Bauer hat von seinen 3 t Möhren bereits 673 kg verkauft.

Wie viel Kilogramm Möhren hat Herr Bauer noch übrig?

Ü: ______________________________

Es sind noch ________ kg Möhren übrig.

Rechnung:

d) Theos Weg zur Schule beträgt 785 m.

Wie viele Kilometer geht Theo insgesamt (Hin- und Rückweg) von Montag bis Freitag?

Ü: ______________________________

Theo geht von Montag bis Freitag insgesamt ________ km.

Rechnung:

2 Rechne schriftlich. Wandle zuerst in Zahlen ohne Komma um, wenn nötig.

a) Lisa hat für ihre drei Hunde 143,67 € im Tierladen ausgegeben.

Wie viel Geld hat Lisa für jeden einzelnen Hund ausgegeben, wenn sie für jeden Hund das Gleiche gekauft hat?

Ü: ____

Rechnung:

Lisa hat für jeden Hund ________ € ausgegeben.

b) Frau Schmied verfüttert in einer Woche 122,5 kg Möhren an ihre 7 Pferde.

Wie viel Kilogramm Möhren bekommt ein Pferd am Tag?

Ü: ____

Rechnung:

Ein Pferd bekommt am Tag ________ kg Möhren.

Inhaltsverzeichnis